Ziegen

Lutz Schiering

Ziegen

Freundliche Querköpfe

KOMET

www.komet-verlag.de
Text: Lutz Schiering
Covermotiv: © fotolia.com: Rolf Fassbind
Gesamtherstellung: KOMET Verlag GmbH, Köln
ISBN 978-3-86941-239-9

Inhalt

Vorwort

Vom Berg ins Tal

Früher Morgen am Grand Canyon, USA. Wir wollen den spektakulären Ausblick in die Schlucht genießen, bevor die Massen eintreffen. Die Sonne geht auf. Der Blick streift einen Felsvorsprung über dem Abgrund. Dort steht er, ein Prachtexemplar von einem Ziegenbock, makellos, lange Hörner, der Blick starr geradeaus über die Tiefe hinweg, erhaben, unbeweglich. Die Minuten vergehen. Wir sind uns sicher: Der ist aus Plastik. Oder doch ausgestopft? Und: Diese Amis! Ganz schön geschmacklos. – Majestätisch schreitet der Bock von dannen. Wir müssen Abbitte leisten.

Mit dem Patenkind im Tiergarten, Streichelzoo ist angesagt. Die Hauptbesetzung besteht aus Zwergziegen. Alles rennt, hüpft, wuselt herum – und scheint kurz vor dem Verhungern. Verschüchtert wirken sie nicht, die kleinen Ziegen, auffordernd stupsen sie die Besucher an. Und nicht nur das: Die frisch erstandene Futtertüte in unseren Händen wird durch einen fachmännischen Biss in Sekundenschnelle „geöffnet".

In der Schweiz, zum Wandern. Ein magischer Moment: Steinböcke in freier Natur beobachten. Kraftvoll jagen sie die Hänge herunter. Elegant klettern sie auf schmalsten Graten.

Zwergziege und Steinbock sind sich näher, als man denkt, und zählen so auch beide zu den Ziegen oder *Capra*. Beschäftigt man sich näher mit dieser Gattung, stößt man auf eine unerwartete Vielfalt. Eine große Faszination geht von diesen wachen und neugierigen Tieren aus, die ihren eigenen Kopf haben, sich so behände bewegen und selbst auf Bäume klettern können. Ob wild oder häuslich – Ziegen sind immer für eine Überraschung gut. Und immer mehr Menschen entdecken ihre Liebe zu den Tieren, die uns schon so lange als Nutztier begleiten.

Ob auf oder hinter Bäumen, ob im Hochgebirge oder den Niederungen des Flachlands – Ziegen fühlen sich (fast) überall heimisch und erobern sich ihren Lebensraum.

Von wilden und zahmen Ziegen

Wie man den Bock zum Gärtner machte

Ziegen und Steinböcke, die beide zur Gattung Ziege zählen, fand man ursprünglich in weiten Teilen Vorder- und Zentralasiens, im nördlichen Afrika sowie in Mittel- und Südeuropa, wobei jede Art in ihrer Heimat die Ziege vom Dienst war – die Lebensräume der wilden Ziegenarten überschnitten sich nur in Ausnahmen. Heute sind viele Arten bedroht und es gibt auch in den ursprünglichen Verbreitungsgebieten kaum noch frei lebende wilde Ziegen, eher findet man sie noch in Schutzgebieten oder Gehegen. Die Hauptursachen sind Bejagung bzw. Wilderei und das Verschwinden der natürlichen Lebensräume. Dagegen hat die Hausziege weltweite Verbreitung gefunden, wobei die Ziegen in einigen Regionen auch heute einen recht wilden Eindruck machen – es handelt sich um verwilderte Hausziegen.

Dazwischen ist viel passiert, auch mit den Ziegen, sind doch Jahrmillionen vergangen. Wann genau das erste Tier gelebt hat, dass man der Gattung Ziegen zuordnen kann, darüber herrscht unter Forschern keine Einigkeit. Die ältesten Funde aus der Gattung der Ziegen stammen aus dem mittleren Pleistozän, von vor etwa 250 000 Jahren, und wurden in Europa gefunden. Paläontologen sehen jedoch schon im Pliozän Ziegen in Asien klettern und gehen von Anfängen vor etwa 4 bis 5 Millionen Jahren aus. Man ist davon überzeugt, dass Ziegen in Pliozän und Pleistozän eine gute Zeit hatten, schon in den unterschiedlichsten Lebensräumen verbreitet waren und alpines Hochland, Steppen, Wüs-

Schraubenziege (links) und Alpensteinbock (oben) sind die markantesten Vertreter der Gattung *Capra*

BUNTE DEUTSCHE EDELZIEGE

Das Jahr 1928 markiert einen wesentlichen Einschnitt in der Geschichte der Ziegenrassen. Der Reichsverband Deutscher Ziegenzuchtvereinigungen legte fest, dass alle farbigen Ziegenschläge fürderhin unter der Einheitsbezeichnung **BUNTE DEUTSCHE EDELZIEGE** firmieren sollten. Eine frühe Form von Rassenwahn? Oder schlichte Vereinsmeierei von Theoretikern am grünen Ziegentisch? Das lässt sich so nicht sagen. Tatsache ist, dass es bis zum Ende des 19. Jahrhunderts keine Rassezucht im eigentlichen Sinne gab. Die Ziegengesellschaft zeichnete sich durch eine bunte Vielfalt an Landschlägen aus. Die Haltung selbst war allerdings eher in übersichtlichem Rahmen organisiert – Einzeltiere oder kleine Bestände waren der Regelfall, und unter solchen Bedingungen kommt es dann eben schnell zu Inzucht, Leistungsverlusten und körperlichen Problemen. Um dem vorzubeugen, wurden mehr oder weniger alle pigmentierten Landschläge zu einer Rasse vereinheitlich, mit dem Ziel, durch Selektion geeigneter Tiere eine größere Zuchtbasis zu erreichen. Das allerdings bedeutete im Grunde das Ende der Multikulti-Ziegengesellschaft. **HARZZIEGE**, **RHÖNZIEGE**, **THÜRINGERWALDZIEGE**, **ERZGEBIRGS-**, **FRANKEN-** und **SCHWARZWALDZIEGE** – um nur einige zu nennen – hatten sozusagen aufgehört, als eigenständige Rasse zu existieren. Die Taktik ging aber nicht ganz auf – bis heute sind beispielsweise in Franken 90% der Ziegen schwarzbäuchig, während im Schwarzwald mehr als 70% mit einem hellen Bauch an den Büschen knabbern. Ein genetischer Austausch hat also nicht wirklich stattgefunden, sodass Vereine wie die Gesellschaft zur Erhaltung alter und gefährdeter Haustierrassen versucht, durch geeignete Zuchtprogramme die Eigenständigkeit der alten Rassen wiederherzustellen.

Robert Braidwood (1907–2003), ein US-amerikanischer Archäologe und Anthropologe, war Professor an der University of Chicago und an mehreren Grabungskampagnen in der Türkei, in Syrien und im Irak beteiligt. Er erwarb sich große Verdienste in der Beförderung der interdisziplinären archäologischen Forschung und war einer der Pioniere der Radiokohlenstoffdatierung. Sein visionäres Wirken richtete sich auf die Zusammenhänge, in denen die Domestikation von Tieren, der Ackerbau und die produzierende Wirtschaftsform ihren Ursprung haben. Damit gab er auch der Erforschung der Hausziegen wesentliche Impulse.

ten und tropische Regionen besiedelten. Die rasche Verbreitung führt man auf ihre gute Anpassung an hoch gelegene Lebensräume und unwegsames Gelände zurück. Schon lange waren ihnen Menschen als Jäger bekannt, zu näheren Kontakten kam es dann nach dem Ende der letzten Eiszeit.

Da die Domestizierung der Ziegen schon so lange her ist und zu einer Zeit erfolgte, als die Dokumentationsmöglichkeiten noch eingeschränkt waren, lässt sich nicht sagen, wann und wo die ersten Ziegen genau domestiziert wurden. Als Indizien dienen den Wissenschaftlern vor allem Knochenfunde, als interpretativer Background spielen jene Kenntnisse und Vorstellungen eine große Rolle, die man von der Domestizierung anderer Nutztiere und der Sesshaftwerdung des Menschen hat. Diese Verquickung ist zugleich ein starker Motor bei der Erforschung der Hausziege und ihrer Geschichte – es geht eben nicht nur um die Ziege, sondern auch um die Halter und die gewaltigen Veränderungen, die sich zu jener Zeit in der Lebensweise der Menschen vollzogen. Dabei kommt der Ziege insofern eine besondere Bedeutung zu, als dass sie mit Schaf, Rind und Schwein zu den ältesten Nutztieren des Menschen gehört. Der Wettstreit zwischen Schaf und Ziege um den Platz eins ist noch nicht entschieden – da ist noch alles drin. Man könnte allerdings sagen: Derzeit liegt die Ziege leicht vorn.

Bleiben wir noch einen Moment beim Anfang, bei der Geburt der Hausziege um das 10. Jahrtausend v. Chr., vollzieht sich zu dieser Zeit doch einer der ganz bedeutenden Umbrüche in der Geschichte der Menschheit – der allmähliche Übergang von der Jäger-und-Sammler-Kultur zu einer sesshaften Lebensweise mit dem Anbau von Getreide und der Haltung von Nutztieren, also einer produzierenden Wirtschaftsform und Vorratshaltung. Die damit verbundenen Umwälzungen sind regelrecht dramatisch: Die erhöhte Produktivität ermöglicht ein enormes Bevölkerungswachstum, mit dem Dorfleben bilden sich neue soziale und kulturelle Strukturen heraus und ein bedeutender Zuwachs an Fähigkeiten, Erkenntnissen und Erfindungen setzt ein. Nicht lange, und es entstanden Städte wie Jericho – eine Siedlung mit Stadtmauer, Verteidigungsanlagen und Bewohnern mit einem hohen Wohlstand.

Doch wie sahen die Anfänge aus, wann und wie kam es dazu, dass Menschen sesshaft wurden, anfingen Getreide anzubauen und Tiere zu halten, statt sie nur zu jagen? Es ist eine faszinierende Frage, die viele Wissenschaftszweige beschäftigt und eine interdisziplinäre Forschung erfordert, für die sich der berühmte amerikanische Archäologe und Anthropologe Robert Braidwood bereits vor mehr als 60 Jahren eingesetzt hat. Mit Wissenschaftlern verschiedener Fachrichtungen erforschte er die Spuren der ersten Bauern in Vorderasien, denn die ältesten Belege für die auch als „Neolithische Revolution" bezeichnete Entwicklung stammen aus dem Umkreis des Fruchtbaren Halbmondes, einem Gebiet, das heute die Länder Jordanien, Syrien, Türkei, Iran

Vom Jagdtier zum Nutztier – wie bei vielen anderen Arten auch erkannten die Menschen, dass sie langfristig mehr von einer Art profitieren, wenn sie es nicht nur bejagen, sondern züchten.

Wenn zwei sich streiten ... lachen Bienenfreunde sich ins Fäustchen. Eine Höhlenmalerei aus Cuevas de Araña in Spanien belegt, dass Menschen bereits vor etwa 12 000 Jahren Honig gesammelt haben. Das verleitet manchen dazu, die Biene auf Platz 1 in der Rangliste der ältesten Nutztiere zu setzen. Und dann ist da auch noch der Hund, dieser Hund, der noch länger als Begleiter des Menschen nachgewiesen ist und im weitesten Sinn auch als Nutztier bezeichnet werden kann. Es ist also wie bei so vielen Superlativen: alles eine Frage der Definition. Doch den Ziegen und Schafen zum Trost: Bezogen auf eine tatsächliche Domestikation von Nutztieren im engeren Sinn stehen sie ganz vorn.

Die Bezoarziege *(Capra aegagrus)* ist die Stammform der Hausziege. Ziegen waren immer schon Gebirgstiere und sind es noch heute, auch wenn sie sich anderen Landschaftsformen hervorragend angepasst haben.

und Irak beheimatet. Man geht davon aus, dass das fruchtbare Klima mit jahreszeitlichen Schwankungen nach dem Ende der letzten Eiszeit, klimatisch bedingte Veränderungen innerhalb des Wildtierbestandes sowie soziale und kulturelle Einflüsse die grundlegende Veränderung hin zur bäuerlichen Lebensform und damit auch die Haltung von Hausziegen begünstigt haben.

Geografisch wird die „Erfindung" der Hausziege im Zagros-Gebirge verortet, wo man bis jetzt die ältesten Funde gemacht hat. Bei den archäologischen Stätten Ganj Dareh und Ali Kosh fand man Knochen von Ziegen, die als bereits domestiziert eingestuft werden. Spannend ist nun,

wie man zu einer solchen Einschätzung kommt, wie Forscher das wissen wollen. Und die Frage ist durchaus brisant, denn die Beweisführung hat sich im Laufe der Forschung teilweise relativiert bzw. verändert, die Einschätzung hingegen hat sich erhärtet.

Morphologische Änderungen wie die veränderte Form des Hornzapfens der Ziegen in Ali Kosh wurden und werden als Anzeichen von Domestikation gewertet, wobei man heute davon ausgeht, dass sie sich erst nach einiger Zeit und eher in einer neuen Umgebung – getrennt von der Wildpopulation – ausbilden. Diese Ziegen hatten also schon eine gewisse Geschichte als Hausziegen hinter sich, zumal Ali Kosh nicht als Habitat von Wildziegen gilt, die Ziegen hier also vermutlich vom Menschen eingeführt wurden.

Hingegen geht man in der aktuellen Forschung nicht mehr unbedingt davon aus, dass die Ziegen, von denen man Knochen in Ganj Dareh gefunden hat, kleiner waren als ihre wilden Vorfahren, was lange als Hinweis auf Domestikation für diese ältesten Funde von Ziegenknochen gewertet wurde. Tatsächlich gibt es bei der Entwicklung von Wild- zu Hausformen eine Größenabnahme, doch auch diese Veränderung tritt nicht unmittelbar ein und ist zudem weniger markant als die Größendifferenz zwischen den Populationen an unterschiedlichen Orten und vor allem zwischen Böcken und Geißen.

Anders interpretiert können die relativ kleinen Knochen von Ganj Dareh jedoch als starkes Argument für Domestikation angeführt werden, wie unter anderem die Anthropologin Melinda A. Zeder überzeugend ausführt. Vermutlich fand man hier ganz schlicht deshalb vorwiegend Knochen von vergleichsweise kleinen Tieren, da die älteren Böcke, die deutlich größer werden, bereits geschlachtet waren, während die für die Reproduktion zuständigen Geißen länger leben durften. Bei Wildtieren, die gejagt werden, leben beide Geschlechter länger, da eher ausgewachsene große Tiere von Interesse sind.

Der geschlechtsspezifische demografische Faktor ist inzwischen ein wichtiges Kriterium in der Bestimmung von Domestikation geworden. Zusammen mit den fortgeschrittenen Möglichkeiten in der Altersbestimmung von Funden hält man es heute weithin für erwiesen, dass es bereits 9900 v. Chr. – die Anfänge liegen wahrscheinlich zwischen 10500 und 9900 v. Chr.– in Ganj Dareh Ziegenherden gab, die von Menschen gemanagt wurden. Eine über einzelne Fachgebiete hinausgehende Sicht hat es ermöglicht, die veränderte Beziehung von Mensch und Tier – hier Ziege – auch unabhängig von den Veränderungen in Größe oder Knochenbau zu betrachten. Letztere sind eher als Folge von Domestikation denn als entscheidender Meilenstein in der Entwicklung selbst zu betrachten.

Linke Seite: Hausziegen im Gebirge. Die enge Verwandtschaft zwischen Wild- und domestizierter Form zeigt sich auch daran, dass beide in ihrem angestammten Habitat hervorragend zurechtkommen.

Die Gegend um Ganj Dareh war ein natürlicher Lebensraum von Wildziegen, die den Menschen auch als Nahrung dienten. Als mit dem günstigen Klima nach der letzten Eiszeit mehr Menschen in der Region blieben, wurden die Wildtiere, so vermutet man, stark dezimiert. Vor etwa 12 000 Jahren begann man sie nicht mehr nur zu jagen, sondern auch zu halten, der gezielte Aufbau von Herden setzte ein. Derart wurde der Tierbestand gesichert. Morphologische Veränderungen zeigten die Ziegen vermutlich erst einige hundert Jahre später.

Zwar ist auch ein Ziegenbock nicht zu unterschätzen, doch der Auerochse ist schon von anderem Kaliber. Zeichnung eines Auerochsen in der Höhle von Lascaux im Südwesten Frankreichs.

Es war die *Bezoarziege,* die mit Abstand am weitesten verbreitete Unterart der Wildziege, die auf diese Weise zur Urahnin der Hausziegen wurde, denn robust, genügsam, widerstands- und anpassungsfähig waren die Wildziegen für die Domestikation geradezu prädestiniert. Wegen ihres effektiven Verdauungsapparates kommen sie mit relativ wenig Futter aus, das zudem sehr rohfaserreich sein kann, was andere Tiere dankend ablehnen. Sie finden sich selbst auf schwer zugänglichen Bergflächen zurecht, sind wenig anfällig für Krankheiten und fruchtbar. Ganz abgesehen von all dem erscheint es allzu verständlich, dass sich die Menschen zunächst an Schafe und Ziegen heranwagten, ehe sie sich um 7000–8000 v. Chr. dem deutlich beängstigenderen Auerochsen zuwandten.

Zunächst waren die Menschen vor allem am Fleisch der Ziegen interessiert, doch relativ bald wird sich auch ein freiwilliger Hilfsdienst bemerkbar gemacht haben: Mit ihrem

WEISSE DEUTSCHE EDELZIEGE

Ordnung muss sein! Nicht nur die farbigen Landschläge wurden – wie auf Seite 10 bereits beschrieben – 1928 zu einer Rasse zusammengefasst, dasselbe Schicksal ereilte auch die weißen Ziegen, auch wenn sich hier die Vorgeschichte etwas anders darstellt. Wesentlich beteiligt daran war der Landwirt Christian Dettweiler aus Wintersheim, einem kleinen Weiler nahe dem rheinhessischen Alzey. Der „Pionier der deutschen Ziegenzucht" erdreistete sich nämlich 1884, **APPENZELLER ZIEGEN** aus der Schweiz zu importierten, um die Leistungsfähigkeit der deutschen weißen Landschläge zu steigern. Unterstützt von der Deutschen Landwirtschaftsgesellschaft (DLG) schickt Dettweiler im Jahr 1890 die Ergebnisse seiner Züchtung sogar zur DLG-Ausstellung nach Straßburg. Mit großem Erfolg, wie sich zeigte, denn bis 1900 entstanden in Deutschland mehrere hundert Ziegenzuchtvereine. Und der Import aus dem Schweizer Nachbarland ging munter weiter. Auch die weißen **SAANENZIEGEN** werden bevorzugt eingekreuzt. 1928 kommt es dann zur „Gleichschaltung" der weißen Landschläge: die **WEISSE DEUTSCHE EDELZIEGE** wird aus der Taufe gehoben. Da hatte der zahlenmäßige Rückgang der Ziegen – egal ob weiß oder bunt – aber schon begonnen. Markierte das Jahr 1922 noch den Höchststand an Ziegen, zählte man in Deutschland im Jahr 1977 gerade einmal noch 36 000 Tiere. Bis zum heutigen Tag hat sich die Ziegenpopulation aber wieder stark vermehrt – auch wenn in Deutschland die Spitzenstellung der beiden Rassen **BDE** und **WDE** (wie man in der Ziegenbranche die Bunte bzw. Weiße Deutsche Edelziege nennt) ungebrochen ist. Rund 160 000 Ziegen machen zurzeit ihre Bock- und Zickensprünge – davon gehören 60 % zur Fraktion BDE und 35 % entfallen auf die Partei WDE.

Fressverhalten drängen Ziegen Gehölze zurück und beteiligen sich so aktiv an der Urbarmachung von Ackerland – allerdings auch dann, wenn dies zu späterer Zeit nicht mehr überall gefragt ist.

Ab etwa 6000 v. Chr. wird die neolithische Lebensform einschließlich der Nutzpflanzen und -tiere, dem landwirtschaftlichen Know-how und der Gesellschaftsstrukturen nach Nordafrika und Europa exportiert. Mit von der Partie war die Hausziege, die in Europa keine wilden Vorfahren hatte, da hier nur Steinböcke beheimatet waren. Die ältesten Funde von domestizierten Ziegen in Europa stammen vom Viesenhäuser Hof bei Stuttgart und sind auf die älteste bäuerliche Kultur der Jungsteinzeit, die Bandkeramische Kultur ab dem 6. Jahrtausend v. Chr. zu datieren. Auch in den ältesten jungsteinzeitlichen Siedlungen der Schweiz um 4500 v. Chr. ist man auf Ziegen bzw. entsprechende Überreste gestoßen.

Wenn Wildtiere zum Deko-Objekt werden, sind sie in der domestizierten Mitte der Gesellschaft angekommen.

Bereits gegen Ende des Neolithikums wurden Ziegen teilweise im Haus gehalten. Und angesichts der Funde von Knochen und Gerätschaften geht man davon aus, dass schon in der Bronzezeit (ab etwa 2200 v. Chr.) die Nutzung von Milch und Wolle von großer Bedeutung war, wenn nicht sogar das Interesse am Fleisch überflügelt hatte. Besonders in den Gebirgsregionen Südost- und Südwest-Europas spielte die Ziegenhaltung eine Rolle.

In der Antike verbreiteten sich die Hausziegen über den gesamten Mittelmeerraum. Im alten Rom waren Ziegen- und Schafsmilchprodukte Grundnahrungsmittel. Man beschäftigte sich mit Zucht und richtiger Haltung. Unter anderem von Columella (gestorben um 70 n. Chr.) wissen wir, dass Ziegen häufig in Herden von 50 bis 100 Tieren gehalten wurden. Die Sommer verbrachten sie zumeist in extensiver Weidehaltung, den Winter im Stall.

Viel über das Ansehen und die Bedeutung der Ziegen erfahren wir in der griechischen Mythologie. Der Ziegenbock steht häufig für Lüsternheit und Zeugungskraft wie bei Pan, dem Schutzgott des Kleinviehs, der Jäger und Hirten und zugleich Inbegriff der Fruchtbarkeit, der als Mensch mit Ziegenfüßen und Hörnern dargestellt wird. Halb Mensch, halb Ziegenbock stellt Pan mit Vorliebe hübschen Nymphen nach. Sein römisches Pendant heißt Faunus. Auch in vielen indoeuropäischen Kulturen war der Ziegenbock ein Sinnbild der Fruchtbarkeit.

Eine klassische Berühmtheit ist die Ziege, mit deren Milch der junge Zeus genährt wird, nachdem ihn seine Mutter Rhea aus Furcht vor Kronos, der die unappetitliche Angewohnheit hatte, seine Kinder zu verspeisen, in einer Höhle verbergen musste. Je nach Überlieferung hört die Ziege entweder selbst auf den klangvollen Namen Almatheia oder aber die Nymphe, die ihm die Ziegenmilch gibt. Immer jedoch spielt das Horn, das sich die Ziege abbricht, eine Rolle: Zeus verwandelt es in ein Füllhorn, das sich stets mit guten Gaben füllt. Als Symbol des Überflusses wird es fortan eine große Rolle spielen. Und Almatheia ist immer noch am Himmel zu sehen: als Capella (Diminutiv von lateinisch *Capra*/Ziege) im Sternbild des Fuhrmanns, einer der hellsten Sterne am Firmament.

Ernährt von einer Ziege wurde auch der junge Asklepios, der später zum Gott der Heilkunde wurde und wunderbare Heilungen vollbrachte. Auf ihn zurück geht der Äskulapstab, der noch heute das Symbol der Mediziner ist.

Das Ziegenfell, das Zeus und seine Tochter Athene als Umhang bzw. Schild trugen, war Symbol ihrer Macht, es beschützte sie und jagte Feinden Angst ein. Das auch *aigis* genannte Fell fertigte Hephaistos aus einem Ziegenfell, verziert mit Orakelschlangen und dem Haupt der Medusa. Athenes Priesterinnen trugen Ziegenschürzen. Die Aigis lebt fort in der Ägide, unter der man steht.

Ebenso spielen Ziegen – neben Schafen – bei der für alle Beteiligten recht unglücklich verlaufenden Begegnung von Odysseus mit dem Kyklopen Polyphem eine Rolle. Der rüde Riese betreute auf einer einsamen Insel eine große Schaf- und Ziegenherde und verarbeitete die gemolkene Milch zu Käse. Als Odysseus auf der Insel landete, eskalierte die Situation, am Ende waren einige seiner Gefährten vom Riesen verschlungen, letzterer war geblendet und für ihn selbst begannen die berühmten Irrfahrten. Dass Ziegen auch gemolken wurden, zeigt bereits ein Rollsiegel aus Susa/Irak aus dem 3. Jahrtausend v. Chr.

Hausziegen lieferten den Menschen Fleisch, halfen bei der Urbarmachung von Land und gaben Milch. Doch nicht nur das. Ihre Funktion als Zugtier offenbart sich in dem Streitwagen des germanischen Donnergottes Thor, der von zwei Ziegenböcken gezogen wird. Auch die nordische Göttin Freya lässt ihren Wagen von Ziegen ziehen, und zwar von weißen. Und in der indi-

Den Göttern Tiere zuzuordenen hat eine lange Tradition. Darstellung des Pan mit typischen Erkennungszeichen: Bockshörnern und Flöte.

Ohne Ziegenmilch keine Heilkraft! Schlange und Ziege gehen bei dem Gott der Heilkunde eine tierische Symbiose ein.

SAANENZIEGE

Erste Saa(h)ne ist tatsächlich ein Wesensmerkmal der **SAANENZIEGE**, denn mit einer Leistung von 900 Litern Milch und mehr pro Jahr gilt sie als eine der produktivsten Milchziegenarten. Und das nicht nur in der Schweiz, die ihre angestammte Heimat ist. Dort, im Saanenland, das heute zum Kanton Bern gehört, existiert schon seit 1890 eine Zuchtgenossenschaft, und geschäftstüchtig wie die Schweizer nun einmal sind, wurde diese nicht nur begründet, um die eigene Saane-Population zu stärken, sondern auch, um die erfolgreiche Rasse im benachbarten Ausland als Exportgut anzubieten. Eine weiße Haut mit kurzen, glatt anliegenden Haaren schreibt der Rassestandard vor. Es gibt sowohl hornlose als auch behornte Exemplare. Im Vergleich zu anderen Ziegenarten ist sie allerdings, was Fütterung und Haltung angeht, etwas anspruchsvoller. Heute sind etwa ein Viertel aller Schweizer Ziegen Saanenziegen. Begehrt waren sie aber schon im 19. Jahrhundert – und das weltweit. So schreibt Hans Hinrich Sambraus in seinem Standardwerk *Atlas der Nutztierrassen:* „Es gibt wohl kaum ein Land, in dem Ziegen wegen der Milchleistung gehalten werden, in das nicht Saanenziegen exportiert wurden." In Deutschland war – wie bereits beschrieben – die Rasse bei der Veredelung des Standards der Weißen Deutschen Edelziege erheblich beteiligt. Doch auch das klassische Käseland Holland hat den Reiz der Saane entdeckt. In den Niederlanden findet man in dem größten Ziegenbetrieb gar 8000 Saanenziegen, mit deren Milch der *Hollandse Geitenkaas* produziert wird.

70107
70107

schen Mythologie ist die Ziege das Tier Tusans, des behäbigen und bärtigen Sonnengottes, der auf ihr ritt oder sie vor den Wagen spannte.

Mesopotamische Darstellungen langhaariger Ziegen und babylonische Dokumente über das Scheren und den Verkauf von Haaren belegen die frühe Haltung von entsprechenden „Langhaarziegen".

Beschützende und nährende Funktionen sowie Kraft, auch Zeugungskraft – dafür standen die Ziegen lange Jahrhunderte. Im Mittelalter und der frühen Neuzeit hingegen waren ins-

Von Ziegenböcken gezogen wird der Streitwagen des germanischen Gottes Thor. Das bezieht sich allerdings nur auf das rechte Bild. In Griechenland (oben) hat sich die Bedeutung der Ziege als Zugtier für leichtere Lasten bis heute erhalten.

Schade eigentlich: Als die ersten Ziegen, Schafe und Rinder vor ungefähr 8000 Jahren nach Europa kamen, konnten die meisten Europäer noch keine Milch vertragen, da sie keine Laktase produzierten. Sie hätten von der gesunden, an Spurenelementen und Mineralstoffen so reichen Ziegenmilch höchstens Bauchschmerzen bekommen. Das hat sich inzwischen geändert, was wir nach neueren Forschungen der Auslese zu verdanken haben, die die wenigen Viehbauern mit Milchverträglichkeit bevorzugte – das Merkmal der Laktasepersistenz setzte sich demografisch rasant schnell durch. Heute vertragen durchschnittlich 60 % der Mitteleuropäer Milch, in Südeuropa sind es nur 20 %. Nun könnten wir also von der vitalisierenden Wirkung der geunsheitsfördernden Ziegenmilch profitieren, wenn wir sie denn trinken würden, was allerdings nicht unbedingt die Regel ist.

besondere die Böcke Sinnbild des Bösen. Die Ziegen konnten für das eine so wenig wie für das andere.

Wolllust stand im christlichen Kontext nicht hoch im Kurs und der Bocksgestank gab Anlass zu vielerlei negativen Assoziationen. Auch eigenwilliges Verhalten wurde nicht honoriert. Der Ziegenbock stand nun für das Schlechte und die Sünde. Der Teufel selbst bekam in volkstümlichen Darstellungen Ziegenhörner und Bocksfüße – ein gänzlich umgedeuteter Pan. Hexen vernachlässigen zeitweise ihre Besen und ritten auf Ziegenböcken.

Doch im „wahren Leben" sah es anders aus. Nicht nur als probate Speise bei Unfruchtbarkeit wurde Ziegenfleisch durchaus gern verzehrt; auch Milch, Fell und Hörner wurden genutzt. Karl der Große, angeblich in Wahrheit ein halber Holländer, da großer Käse-Fan, förderte die Ziegenhaltung von oberster Stelle.

Etwa ab dem 14. Jahrhundert kamen die Ziegen allerdings auch als Nutztier immer stärker in Misskredit. Im Mai 1338 wurde zwischen Sinzig und der Herrschaft Landskron eine Waldordnung erlassen, die verbot, im Kirchspiel Heckenbach Ziegen zu halten. Dieser Anordnung sollten bis zum Ende des 18. Jahrhunderts noch zahlreiche vergleichbare Erlasse in anderen Gegenden folgen. Ob in Kursachsen, Preußen oder der Pfalz – man rückte der Ziege aufs Fell. Die Ziegenhaltung wurde in vielen Gebieten entweder ganz verboten, auf wenige bzw. ein Tier beschränkt, mit Abgaben belegt oder nur den Ärmsten erlaubt, die sich unter keinen Umständen eine Kuh leisten konnten. Der Hintergrund: Da das Ackerland begrenzt war, wurden Ziegen zum Fressen in den Wald getrieben. Das taten sie denn auch mit Inbrunst, was erhebliche Forstschäden nach sich zog. Ziegen können in erstaunlich kurzer Zeit erstaunlich viele Bäume und Sträucher entrinden und entblättern. Aufforstung wissen sie tatkräftig zu unterbinden und mit ihrem Verbiss hemmen sie weiteres Wachstum. All das fanden die ersten Ziegenhalter prima, denn es half bei der Urbarmachung von Ackerland, und bewusst eingesetzt, können Ziegen auch heute noch gute Landschaftspfleger sein. Was dem einen sein Uhl ist dem anderen sein Nachtigall.

Im Alten Testament (3. Buch Mose Kapitel 16) finden wir den Ursprung des Begriffs „Sündenbock": Am Jom Kippur, dem alljärlichen Fest zur Sündenvergebung aller Israeliten, übertrug ein Hohepriester die Sünden des Volkes Israels durch Handauflegen auf einen Ziegenbock, der anschließend in die Wüste gejagt wurde. Noch heute ist Jom Kippur der heiligste Tag des jüdischen Jahres.
Bis ins 20. Jahrhundert wurden in Schaf- und Kuhherden beispielsweise in Mecklenburg und Pommern einzelne Ziegenböcke gehalten. Sie sollten die Krankheiten auf sich ziehen und von den anderen Tieren fernhalten.

Der Teufel, ein gefallener Engel, wurde bis ins 10. Jahrhundert in Gotteshäusern überhaupt nicht dargestellt. Erst in der Gotik (etwa 1140–1500) fand man sein Ebenbild an den Kirchenportalen. Zumeist in Gestalt eines Ziegenbocks (oben). Unten: Chinesisches Ziermesser mit Griff in Form einer Ziege.

Folgende Doppelseite: Ziegen haben ein selektives Fressverhalten. Außer über Gras machen sie sich auch über Kräuter, Gebüsch und Bäume her, was nicht überall geschätzt wird.

TOGGENBURGER ZIEGE

Das Wappen der Toggenburger, einem alten Ostschweizer Adelsgeschlecht im Kanton Sankt Gallen, ziert eine schwarze Dogge mit roter Zunge. Seit 1209 ist der Grafentitel des Adelsgeschlechts urkundlich nachgewiesen. Hätte sich der Graf von Toggenburg 800 Jahre später ein Wappen bestellt, hätte er anstatt des Hundes wahrscheinlich eine Ziege gewählt, denn die Rasse der **TOGGENBURGER ZIEGE** findet sich in den Chroniken schon 1802. Bis heute ist die Rasse, die vermutlich durch Kreuzungen zwischen **APPENZELLER** und **GÄMSFARBIGEN GEBIRGSZIEGEN** entstanden ist, in der Schweiz weit verbreitet – jede zehnte Ziege hört dort auf den Namen Toggenburg. Charakteristisch sind zwei helle Streifen, die sich von den Ohren bis zum Maul ziehen, das mit einem standesgemäßen Ziegenbart abgeschlossen wird. Das Fell ist hellbraun bis mausgrau, wobei das Haarkleid an Rücken und Rumpf fast schon mantelartig lang ist. Ihr delikates Fleisch ist bekannt, noch mehr geschätzt wird allerdings die Milchleistung, die mit der der Saanenziege durchaus vergleichbar ist. Auch deswegen wurde die Toggenburger schon früh ab 1879 nach Deutschland eingeführt, wo sie in alte Landziegenschläge eingekreuzt wurde – die **THÜRINGERWALDZIEGE**, von der es heute nur noch knapp 200 weibliche Tiere gibt, ist so „entstanden". Aufgrund ihrer Robustheit, die sich auch für extensive Haltung eignet, hat sich das Verbreitungsgebiet der Toggenburger aber weit über die Schweiz hinaus entwickelt. Vor allem in Süddeutschland, Großbritannien und Nordamerika, wo sich inzwischen eigene Zuchtlinien herausgebildet haben, ist sie verbreitet.

Die Schweiz ist zweifelsohne das Land, das als Vorreiter der Zigen-Rassezucht gelten kann. (Hier Walliser Schwarzhalsziegen vor dem Matterhorn.)

Nicht immer wurden die Erlasse befolgt. Gegen entsprechende Dekrete wurden Beschwerden erhoben, da sie die Existenzgrundlage der Menschen betrafen. Besonders drastisch reagierte der Kurfürst von Trier, als nach dem Verbot der Waldweide von 1920 die durch Ziegen verursachten Waldschäden weiter zunahmen: Er befahl, die Ziegen zu erschießen. Doch es gab auch verständnisvollere Machthaber wie Markgraf Friedrich Carl Alexander, der die Ziegenhaltung zur Verbesserung der Lebensbedingungen seiner Untertanen befürwortete.

Auch wenn Ziegen im Wald tatsächlich Schaden anrichten können, war das doch nicht der einzige Grund für ihr insgesamt eher schlechtes Ansehen. Da man sich zu jener Zeit allgemein wenig Gedanken über die ziegengerechte Haltung machte und vor allem Menschen Ziegen hielten, die selbst kaum genug zum Leben hatten, lebten die meisten Tiere unter den erbärmlichsten Bedingungen in engen, zugigen und dunklen Verschlägen ohne Auslauf und Pflege. Entsprechend kläglich sahen sie aus. Ungeziefer und Geruch trugen auch nicht dazu bei, ihren Ruf zu verbessern. Anders als viele andere Tiere konnten Ziegen unter diesen Bedingungen überleben, doch die Erträge von Milch und Wolle waren gering.

Von einer Zucht im eigentlichen Sinn kann man da nicht sprechen. Ziegen wurden vorwiegend als Milchlieferant für arme Familien betrachtet, es gab vor allem Einzeltiere und kleine Bestände, Inzucht war an der Tagesordnung. Es gab eine Vielzahl lokaler Schläge und Typen, die sich manchmal schon von Dorf zu Dorf unterschieden. In der Regel wurde weder dem einzelnen Tier noch seiner möglichen Rassezugehörigkeit besondere Aufmerksamkeit zuteil.

Die Gemeinde Wintersheim (Rheinland-Pfalz) ist stolz auf den „Vater der deutschen Ziegenzucht“: An Dettweilers Geburtshaus hängt eine Plakette.

In vielen anderen Gegenden Europas war die Situation der Ziegen ähnlich miserabel. In der Schweiz sah das anders aus. Davon sollten die deutschen Ziegen profitieren. Maßgeblich dafür verantwortlich ist der Landwirt Christian Dettweiler, der sich des Schicksals der deutschen Ziegen engagiert annahm. Ab 1884 importierte er Schweizer Rasseziegen, womit die Ziegenzüchtung im eigentlichen Sinn in Deutschland überhaupt erst ihren Anfang nahm. Namentlich handelte es sich um die Appenzeller Ziege, die Schwarzberg-Guggisberg Ziege und schließlich die Saanenziege, die der Brauereibesitzer Justus Ulrich auf Dettweilers Anraten 1892 importierte.

Erstmals gab es – ebenfalls auf Dettweilers Betreiben – 1890 auf einer Ausstellung der Deutschen Landwirtschaftsgesellschaft (DLG) in Straßburg eine eigene Abteilung für Ziegen. In Zusammenarbeit mit der DLG verfolgte der deutsche Ziegenpionier weitere Maßnahmen zur „Hebung und Förderung" der deutschen Ziegenzucht. Justus Ulrich gründete 1892 den ersten Ziegenzuchtverein in Pfungststadt und in kürzester Zeit entstanden Hunderte solcher Vereine. Der Sohn Christian Dettweilers, Friedrich, wurde 1895 Leiter des neu gegründeten Sonderausschusses für Ziegenzucht in der DLG. Zunehmend entdeckte man die wirtschaftliche Bedeutung der Ziegen, wobei besonders die Milcherzeugung ins Gewicht fiel, die mit den besseren Lebensbedingungen und den Zuchterfolgen noch einmal deutlich stieg. Denn nach und nach setzte sich die Überzeugung durch, dass die Gesundheit und der wirtschaftliche Wert einer Ziege unmittelbar mit einer artgerechten Haltung zusammenhängen. Ställe mit frischer Luft, Licht und Bewegungsfreiraum, weder muffig noch zugig, erschienen immer erstrebenswerter.

Verschont vor Massentierhaltung wie etwa bei Hühnern, Schweinen oder Rindern erfreut sich die Ziege inzwischen wieder der ihr zukommenden Wertschätzung.

Innerhalb weniger Jahrzehnte stieg die Zahl der Ziegen in Deutschland enorm an. Ab 1928 wurden alle weißen Schläge zur Weißen deutschen Edelziege (35 % aller deutschen Ziegen) und alle braunen (60 %) zur bunten deutschen Edelziege zusammengefasst. Den höchsten Ziegenbestand in Deutschland verzeichnete man nach dem Ersten Weltkrieg mit über viereinhalb Millionen Tieren. Nach 1924 ging die Zahl der Ziegen deutlich zurück, was wesentlich auf die steigenden Kuhbestände und die entsprechend geringeren Milchpreise zurückzuführen ist. Ein anderer wichtiger Faktor ist jedoch, dass die Ziegenhaltung immer dann an Bedeutung gewinnt, wenn die Bevölkerung in Not ist. Entsprechend stieg die Anzahl der Ziegen nach dem Zweiten Weltkrieg, um in den folgenden Jahrzehnten wieder rapide abzunehmen.

Erst seit den 1980er Jahren sind wieder leichte Zuwächse zu vermerken. Dies hat ökonomische Gründe – so gibt es bei der Ziegenmilch keine Milchquote –, doch auch gesellschaftliche. Manche Menschen finden Freude an der Beschäftigung mit Ziegen, manche Verbraucher kaufen ihr Fleisch eher auf kleinen Höfen, die sie kennen, und durch Reisen in südeuropäische Länder geraten Ziegenprodukte mehr in den Fokus – spielt doch in Griechenland, Spanien, Italien und auch Frankreich die Ziegenhaltung traditionell eine größere Rolle. Nicht zuletzt wird Ziegenmilch insbesondere bei Kindern als wertvolle Alternative bei Kuhmilchallergien wahrgenommen.

In südeuropäischen Ländern werden Ziegen oft in Freilandhaltung gehalten und genießen viele Freiheiten.

Hausziegen haben sich bis heute weltweit von den Grenzen der Arktis bis zu den ariden Wüsten und humiden Zonen der Tropen verbreitet, wobei die meisten Ziegen in tropischen Ländern leben. Über 90 % der Weltziegenpopulation findet man in Entwicklungsländern. Mehr als die Hälfte aller etwa 600 Millionen Ziegen leben aktuell in Asien (350 Millionen), gefolgt von Afrika (190 Millionen) und Europa (16 Millionen). Hier begegnet man ihnen am häufigsten in Südeuropa: In Griechenland gibt es geschätzte 6 Millionen, in Spanien knapp 4 Millionen Ziegen. Während die Haltung in Mitteleuropa zumeist in Ställen erfolgt, stößt man in Südeuropa noch häufiger auf größere Herden in freier Natur. Ein schöner Anblick – allerdings gibt es Probleme mit Überweidung und Verkarstung.

Die große Familie der Ziegen

Wo die Ziegen zu Hause sind

Die Ziegen *(Capra)* gehören zur Familie der Hornträger *(Bovidae)*, zur Unterordnung der Wiederkäuer *(Ruminantia)* und zur Ordnung der Paarhufer *(Artiodactyla)* – dieses Schicksal teilen sie unter anderem mit Rindern und Schafen. Letztere gehören auch zur selben Unterfamilie wie die Ziegen, zu den Ziegenartigen *(Caprinae)*. Vom naiven Schaf haben sich die

Bei diesen beiden Exemplaren kann man einfach identifizieren, wer Schaf und wer Ziege ist. Bei anderen Rassen ist das schon schwieriger.

GÄMSFARBIGE GEBIRGSZIEGE

Die Schweiz – ein Ziegeneldorado. Tatsächlich ist die Schweiz nicht nur Hersteller und Exporteur von exquisiten Uhren, Schokoladen und Finanzprodukten, sie gilt auch als Ursprungsland der modernen Ziegenzucht. Stand früher die Selbstversorgung im Mittelpunkt, so sind es heute Herstellung und Absatz von köstlichen Ziegenprodukten, die einen immer größeren Teil der Schweizer Nutztierhaltung ausmachen. Und davon, dass die Schweizer Rassen zur Einkreuzung zwecks Aufbau von Edelziegenzuchtlinien unabdingbar waren, war bereits die Rede. Nummer drei der Schweizer Ziegenrassen – was die Verbreitung angeht – ist die GÄMSFARBIGE GEBIRGSZIEGE. Die Gämsen bilden zwar eine eigene Gattung und sind mit den Ziegen nur qua Unterfamilie der Ziegenartigen verbunden, aber bei der Rasse der Gämsfarbigen Gebirgsziegen geht es ja, wie der Name schon sagt, in erster Linie um die Farbe. Und die ist wie bei der Gämse reh- bis kastanienbraun, die Haare kurz und glatt anliegend. Charakteristisch ist weiterhin die schwarze Färbung am Rücken – ein typischer Aalstrich –, am Bauch, am Kopf und den Gliedmaßen. Mit rund 750 Litern pro Jahr ist sie eine hervorragende Milchlieferantin, und das sowohl im Flachland als auch in bergigen Regionen. Den hornlosen Typ findet man vor allem in der Westschweiz und im Kanton Bern, das behornte Pendant ist vor allem im Kanton Graubünden und der Westschweiz zu finden. In der Schweiz mit einer großen Population vertreten, gilt die Rasse mit rund 1700 Tieren im Jahr 2009 in Österreich als bedroht. Dort wird sie vor allem in Vorarlberg, Tirol und Oberösterreich gehalten.

zickigen Ziegen im Laufe der wissenschaftlichen Forschung jedoch etwas distanziert, die Verwandtschaft ist weniger nah, als man ursprünglich angenommen hat.

Nah verwandt mit den Wild- und Hausziegen sind hingegen die verschiedenen Arten der Steinböcke – gemeinsam bilden sie eine Gattung. Die internen Verwandtschaftsgrade sind wie bei so vielen Gattungen nicht eindeutig geklärt. Mit neuen Untersuchungen und Methoden verschieben sich die Überzeugungen im Laufe der Zeit, mal werden Arten neu definiert, mal Artengruppen gebildet – und immer verbleibt ein gewisser Interpretationsspielraum, der Platz für unterschiedliche Lehrmeinungen lässt. Zahlreiche Disziplinen wie Genetik und Mikrobiologie, Anatomie und Physiologie, Morphologie, Paläontologie und Biogeografie sind an der Erforschung beteiligt, finden Beweise oder auch Hinweise ohne Gewähr, und besonders die Fortschritte in der mikrobiologischen und genetischen Forschung führen auch heute noch zu immer neuen Erkenntnissen. Dabei bestätigt sich in der wissenschaftlichen Forschung eine alltägliche Binsenwahrheit: Traue nie allein dem äußeren Schein. Arten, die sich ähnlich sehen, zeigen teilweise

Steht den Verwandten ihrer Gattung genetisch näher als die äußerliche Extravaganz vermuten lässt: die Schraubenziege.

Knapp 40 000 Alpensteinböcke leben inzwischen wieder in der namensgebenden Region, nachdem die Art am Anfang des 19. Jahrhunderts fast schon ausgerottet schien.

größere genetische Differenzen als solche, bei denen man es vom Äußeren her viel eher vermuten würde. So steht der Alpensteinbock dem zierlicheren Iberiensteinbock genetisch näher als beispielsweise dem Sibirischen Steinbock, dem er wiederum viel ähnlicher sieht.

Heute findet man die Gattung Ziegen häufig noch in neun Arten unterteilt: Alpensteinbock *(Capra ibex)*, Pyrenäen- oder Iberiensteinbock *(Capra pyrenaica)*, Syrischer oder Nubischer Steinbock *(Capra nubiana)*, Äthiopischer oder Walia-Steinbock *(Capra walie)*, Westkaukasischer Steinbock oder Kuban-Tur *(Capra caucasica)*, Ostkaukasischer Steinbock oder Dagestan-Tur *(Capra cylindricornis)*, Sibirischer Steinbock *(Capra sibirica)*, Schraubenziege *(Capra falconeri)* und Wildziege *(Capra aegagrus)* mit ihrer Nachfahrin Hausziege *(Capra aegagrus hircus)*. Allerdings können sich nicht alle Ziegen ihres Status als Art sicher sein, so legen aktuelle Forschungen nahe, dass der Westkaukasische Steinbock womöglich nur eine „Mischung" aus Alpensteinbock und Ostkaukasischem Steinbock ist. Das könnte Konsequenzen haben – doch diese werden ihn nicht stören. Vieles deutet darauf hin, dass sich die Einteilung der Steinböcke in weniger Arten wissenschaftlich durchsetzen wird.

Die Ziegen machen es – wie im Übrigen die Schafe auch – den Forschern insofern nicht leicht, da hier jeder mit jedem kann, ganz unabhängig von Art und Domestikation, auch zwischen wilden und zahmen Tieren kommt es zu intimen Kontakten mit fruchtbaren Nachkommen. Allerdings, und das macht es wieder einfacher, ergibt sich – zumindest unter den Wildformen der Ziegen – nur selten die Gelegenheit dazu, da sich die Verbreitungsgebiete mit wenigen Ausnahmen nicht überschneiden. Dies kann sich auch der Laie zunutze machen: Oft ist der Aufenthaltsort einer wilden Ziege das sicherste Indiz, um zu wissen, mit welcher Art man es zu tun hat, insbesondere wenn es sich um ein Weibchen handelt. Bei Ziege, Geiß bzw. Zicke entfällt das auffälligste Unterscheidungsmerkmal zwischen den Arten: die in Länge und Form unterschiedlichen Hörner der männlichen Tiere, der Böcke. Die Hörner der Geißen sind in der Regel eher unauffällig – dünn, kurz und nur leicht gebogen.

Rechte Seite: Männliche Böcke zeigen während der Paarungszeit ein ausgeprägtes Imponiergehabe. Offene Kämpfe gibt es dabei nur bei wirklich gleichrangigen Partnern. Meist reicht das demonstrative Zurschaustellen des imposanten Gehörns bereits, den Rivalen einzuschüchtern. Ein erhobener Standpunkt kann dabei durchaus von Vorteil sein!

Steinböcke

Von den Steinböcken leben zwei Arten in Europa, vier in Asien und eine in Afrika. Elegant und trittsicher bewegen sie sich in ihrer gebirgigen Heimat, überwinden mit weiten Sprüngen zerklüftetes Gestein. Sie haben eine rötlich-graubraune Färbung, im Winter sind vor allem die Böcke häufig heller. Nicht nur ihre in einem weiten Bogen nach hinten geschwungenen Hörner sind wesentlich größer als bei den Geißen, auch ihr ganzer Körperbau ist mächtiger – weit über hundert Kilogramm kann ein Steinbock auf die Waage bringen.

Ihr insbesondere im Winter nicht unbedingt üppiges Futterangebot suchen sich die Tiere auch in unwegsamstem Gelände. Kräuter, Baumtriebe, Laub, Knospen, Gräser und Flechten ste-

Die einzige Art, die man mit viel Glück auch in Deutschland beobachten kann: der Alpensteinbock.

hen auf dem rein vegetarischen Speiseplan. Auf der Futtersuche und unterwegs zwischen den Stellen, wo sie schlafen, äsen, an exponierten Stellen das Gelände überblicken und – bevorzugt in der Sonne – ruhen und wiederkäuen sowie mehr noch zwischen Sommer- und häufig niedrigerem Winterquartier legen Steinböcke beachtliche Strecken zurück. Ihren prinzipiellen Standort wechseln sie jedoch selten; das schon allein deshalb, weil Steinbock ungern das Tal durchquert.

Die Geißen leben mit ihren Jungen in Familienverbänden mit einer erfahrenen Leitgeiß, während die Böcke zumeist in Junggesellengruppen oder in hohem Alter auch einzelgängerisch die längste Zeit des Jahres verbringen. In den Männergruppen spielt die Größe der Hörner eine entscheidende Rolle bei der Rangordnung, die mit Imponiergehabe und ritualisierten Kämpfen ausgefochten wird. Während der Brunftzeit stoßen die Böcke zu den Familienverbänden und die kräftigsten Böcke setzen sich bei der Paarung durch.

Die Kitze sind Nestflüchter und folgen der Geiß schon nach kürzester Zeit. Nach wenigen Wochen bilden sich Jugendgruppen, deren Spiele am Abgrund für Menschen halsbrecherisch aussehen. Gesäugt werden sie bis in den nächsten Winter hinein, doch schon nach etwa zwei Wochen können Kitze auch pflanzliche Nahrung aufnehmen.

Steinböcke geben je nach Anlass unterschiedliche Laute von sich. Vor Gefahr warnen sie mit einem „Pfiff", aber meckern können sie auch.

Zu Beginn des 19. Jahrhunderts stand der **Alpensteinbock** *(Capra ibex)* kurz vor seiner Ausrottung. Nicht nur das Fleisch, auch Hörner, Knochen, Blut und Bezoarsteine waren über Jahrhunderte dermaßen begehrt, dass gerade einmal eine Kolonie die intensive Bejagung überlebt hatte. Fast wäre der Alpensteinbock auch daran zugrundegegangen, dass mehr oder weniger all seinen Bestandteilen in der volkstümlichen Medizin eine heilende Wirkung zugeschrieben wurde. Die letzten 50 bis 100 Tiere im italienischen Gran-Paradiso-Massiv, das südlich von Aosta bis zu 4000 Meter aufragt, wurden 1821 unter strengen Schutz gestellt, und die Population erholte sich, von Wildhütern bewacht, glücklicherweise relativ rasch. Ab 1856 war das Gebiet königliches Jagdrevier von Viktor

APPENZELLER ZIEGE

Wann eine Rasse als gefährdet gilt, darüber gibt es unterschiedlich Ansichten. Nicht nur die reinen Bestandszahlen sind ausschlaggebend, sondern auch andere Risikofaktoren. Wenn es in einer Population beispielsweise zu einer Seuche kommen sollte, macht es einen Unterschied, ob diese Population räumlich weit verteilt oder nur in wenige, aber größere Herden aufgeteilt ist. Ein Bestand von weniger als 1000 Tieren jedoch rechtfertigt in jedem Fall die Einordnung als gefährdete Rasse. Und das trifft beziehungsweise traf auch auf die APPENZELLER ZIEGE zu. 1936 gab es in der gesamten Schweiz gerade einmal noch 406 Tiere, bei der letzten Bestandsprüfung im Jahr 2010 waren es bereits 1337. Das ist zwar immer noch nicht wirklich viel, doch dass Ziegenzuchtverbände, staatliche Institutionen und engagierte Züchter und Vereine eine Rasse tatsächlich vor dem Untergang retten können, dafür ist die Appenzeller ein Beispiel. Dabei ist diese Ziege eine Rasse mit großer Tradition. Noch heute wird der Alpaufzug von einem Ziegenbub in Sennentracht angeführt, hinter dem ein halbes Dutzend Appenzeller Ziegen herzottelt. In den beiden Appenzeller Kantonen Innerrhoden und Ausserrhoden begann die Zucht zu Beginn des 20. Jahrhunderts. Rund 5000 Zuchttiere gab es damals, und die Rasse wurde auch in andere Kantone und nach Deutschland exportiert. Damals war ihr Haarkleid noch nicht reinweiß; es gab auch andere Farbschläge. Fruchtbar und mit einer guten Milchleistung ausgestattet, hat die meiste hornlose Ziege einen ausgeglichenen und doch lebhaften Charakter. Ihr mittellanges Haar schützt sie perfekt in der gebirgigen Region.

So sieht ein Alpensteinbock aus,
wenn er sich wohlfühlt.

Emmanuel II. Schon bald begann der Schmuggel mit Steinkitzen, denn auch andere Alpenregionen wollten wieder Steinböcke ansiedeln und der König weigerte sich Tiere zu verkaufen. Auf offiziellem Weg wurden erstmals 1931 Tiere an die Schweiz abgegeben, doch zu diesem Zeitpunkt gab es dort schon beachtliche Wiederansiedlungen. Heute klettern wieder etwa 40 000 Steinböcke behände in den Alpen herum, darunter auch einige Hundert in den deutschen Hochalpen. Sie alle stammen von den vier Rudeln im Gran-Paradiso-Massiv ab.

Imposant sind sie, die Steinböcke, die bis zu einem Meter Schulterhöhe erreichen und 100 Kilogramm – Geißen nur etwa die Hälfte – wiegen können. Davon können die Hörner allein 15 Kilogramm ausmachen. Tagein tagaus so viel Gewicht auf dem Kopf tragen – für Menschen schwer vorstellbar. Doch wir haben ja auch nicht die starken Stirnzapfen und die beim Bock deutlich sichtbare kräftige Nackenmuskulatur. Etwa zwei Schmuckwülste bilden sich pro Jahr auf den Hörnern der Böcke, die damit ein sichtbares Indiz für ihr Alter sind. Um die 15, teils bis zu 20 Jahre beträgt ihre Lebenserwartung.

Die Alpensteinböcke halten sich vorwiegend in Höhen von 2000 bis 3000 Metern auf, im Sommer erklimmen sie auch 3500 Meter, im Winter suchen sie wegen des geringen Nahrungsangebots die noch am ehesten schneefreien steilen Südhänge oder niedrigere Regionen auf, die wegen des ersten Grüns auch im Frühjahr attraktiv sind. Die meiste Zeit verbringen sie oberhalb der Waldgrenze an mehr oder weniger steilen Hängen. Sie lagern bevorzugt auf sonnigen Felsvorsprüngen und suchen die Nähe zu freien Bergspitzen. Wahre Naturfans mit einem Faible für grandiose Aussichten – eine Einschätzung, die sich bei der Beobachtung von Steinwild häufig aufdrängt. Nicht nur im Verlauf eines Jahres, auch während des Tages legen sie viele Höhenmeter zurück.

Die Steinböcke wissen um ihre unglaublichen Kletterkünste; sie verlassen sich darauf, dass sie sich mit einigen gekonnten Sprüngen vor Feinden in Sicherheit bringen können und fliehen erst spät und dann in der Regel bergauf. Auf Schusswaffen allerdings hat sie niemand vorbereitet, was wesentlich zu ihrer Fast-Ausrottung beigetragen hat.

Abgesehen vom Winter leben die teils einzelgängerischen alten Böcke und die Junggesellenherden getrennt von den Familienverbänden der Geißen mit ihren Jungen. Im August geht es bei den Böcken hoch her: Die Rangordnung wird ausgefochten. Da wird mehr als engagiert

Im Gegsatz zu ihrem männlichen Pendant hat die Steinbockgeiß eher kurze Hörner und ein rötliches bis goldbraunes Fell.

gekämpft, doch sind dies eher rituelle Kampfgebärden, die nicht der Verletzung des Gegners, sondern der Behauptung der eigenen Stellung dienen – Blut fließt hier selten. Die Böcke marschieren häufig erst nebeneinander her, bevor sie sich auf die Hinterbeine stellen und beim Niedergehen die Hörner aneinanderschlagen, dass es kracht. Wenig verwunderlich, dass hier die älteren Tiere mit den mächtigeren Hörnern mehr Chancen haben. Dies gilt auch für die Versuche, sich Stirn an Stirn gegenseitig fortzudrängen. Selten wird man jedoch sehen, das gänzlich ungleiche Partner gegeneinander antreten – in solchen Fällen reicht zumeist Imponiergehabe und Drohgebärde, um den Schwächeren zum Abzug zu bewegen.

Wer sich hier einen oberen Platz in der Rangfolge erkämpft, hat gute Aussichten, später im Jahr einen Harem für sich zu gewinnen. Allerdings kommt es auch in der Brunft- und Paarungszeit von November bis Januar, in der sich gemischte Herden bilden, immer wieder zu Riva-

Bevor der Steinbock die Dame seines Herzens beäugt, macht er Gleiches mit seinem potenziellen Rivalen.

Wenn zwei sich streiten, freut sich unter Umständen der Dritte. Tatsächlich werden die Rangordnungskämpfe bei Steinböcken oft von einem dritten Tier beobachtet. Ob dieses als Ringrichter fungiert oder sich einfach nur ein paar Tricks abgucken will, ist nicht geklärt.

lenkämpfen. Die Sieger kommen bei den paarungsbereiten Geißen zum Zug. Dabei ist der Körper des Bockes durchgestreckt, der Kopf in den Nacken gelegt und die Zunge bewegt sich rasch auf und ab, was als „Flippern" bezeichnet wird.

Nach etwa 23 Wochen Tragzeit kommen im Mai und Juni die Kitze zur Welt, meist jeweils nur eins, denn Zwillingsgeburten sind selten. Zur Geburt sondert sich die Geiß von der Gruppe ab, doch schon nach einem Tag kann ihr das Kitz folgen. Die Bindung zwischen Mutter und Kitz ist eng, Körperkontakt spielt eine große Rolle. Doch bald ist das Kleine auch Teil der Herde, wo es auf ebenso spielfreudige Gleichaltrige trifft und sich in der Kitzgruppe vergnügt.

Westlich der Heimat des Alpensteinbocks bewohnt der **Iberiensteinbock** *(Capra pyrenaica)* als zweiter europäischer Vertreter des Steinwilds Bergregionen der Iberischen Halbinsel. Allerdings ist er in vielen Gegenden seiner ursprünglichen Heimat bedauernswerterweise nicht mehr anzutreffen – so in Portugal und auch in den Pyrenäen, wo im Jahr 2000 trotz Schutzmaßnahmen das letzte Tier der Unterart Pyrenäen-Steinbock starb. Chancen, auf einen Iberiensteinbock zu treffen, hat man heute noch in der Sierra de Gredos in Zentralspanien und in der Sierra Nevada im Südosten Spaniens. Auch wenn er sich nicht in solchen Höhen aufhält wie zahlreiche seiner Verwandten, ist er unter 1000 Höhenmetern doch selten anzutreffen.

WALLISER SCHWARZHALSZIEGE

Endlich einmal eine Rasse, die einem die Wiedererkennung einfach macht. Für die **WALLISER SCHWARZHALSZIEGE** lässt sich einfach sagen: Wenn vorne schwarz und hinten weiß, dann ist's ne Schwarzhalsziegengeiß. Was natürlich auch auf die Böcke zutrifft, wobei die Trennungslinie zwischen schwarzem und weißen Fell sehr eindeutig verläuft. Charakteristisch auch die ausladenden Hörner, die bei den Böcken bis zu 80 Zentimeter lang werden können. Sehr stattlich sehen diese Ziegen aus, immer langhaarig und mit einem robusten, kräftigen Körperbau – eine typische Hochgebirgsziege eben. Und das ist ihre Heimat: das Schweizer Wallis, bekannt durch Skitouristenorte wie Sion, Crans-Montana oder Sankt Moritz. Angeblich wurde sie von afrikanischen Kriegern um 900 n. Chr. in die Schweiz eingeführt. Dort wird die Rasse übrigens liebevoll auch **GLETSCHERGEISS** genannt. Was allerdings nicht verhindern konnte, dass die Schwarzhalsigen, obwohl anspruchslos, immer mehr in der Gletscherspalte der Versenkung verschwanden. In den 1970er Jahren gab es nur noch 440 reinrassige Tiere, was den Status „stark gefährdet“ rechtfertigt. Nur dem Engagement von Privatpersonen und Vereinen ist es zu verdanken, dass das Wahrzeichen des Wallis nicht aus der Liste der Rassen verschwand und heute wieder etwa 10 % der Gesamtpopulation der Schweizer Ziegen ausmacht. Was man von der **KUPFERHALSZIEGE** nicht sagen kann. Die sieht der Schwarzhalsziege zum Verwechseln ähnlich, aber was bei Schwarzhals vorn schwarz, ist bei Kupferhals rötlich-braun. Doch daher kommt ihr Name nicht – man vermutet, dass es sich um eine genetische Variation handelt, die aus dem Erbgut der in der Kupfersteinzeit (sic!) ausgestorbenen **KUPFERZIEGE** stammen könnte.

Der Iberiensteinbock (rechts) ist der kleinste seiner Art und in vielen seiner angestammten Heimatregionen ausgerottet. Das gleiche Schicksal droht leider auch dem Nubischen Steinbock (unten, hier in der Negev-Wüste). Durch starke Bejagung dezimiert, wird er aus seinem Lebensraum unter anderem auch durch die Hausziegen vertrieben.

Zwar steht der Iberien- dem Alpensteinbock genetisch sehr nahe, doch ist er mit etwa 75 Zentimetern Widerristhöhe deutlich kleiner, sogar der kleinste unter allen Steinbockarten. Auf dem graubraunen Fell finden sich schwarze Zeichnungen. Bezüglich der Verhaltensformen finden sich große Übereinstimmungen mit dem Alpensteinbock – insgesamt gibt es im Verhalten der verschiedenen Steinbockarten abgesehen von bestimmten Anpassungen an die jeweilige Umwelt große Parallelen.

Der **Nubische Steinbock** *(Capra nubiana)* lebt vor allem in dem unwirtlichen Gelände von Steinwüsten und Wüstenschluchten in Israel, Ägypten, Jemen, Jordanien, Oman, Saudi-Arabien und im Sudan. Zwar steigt er auch in Höhen von bis zu 3000 Metern auf, doch im Gegensatz zu anderen Steinböcken kann man ihn auch ohne Kletterambitionen beobachten, lebt er doch selbst in Gebieten, die unter dem Meeresspiegel liegen. Allerdings muss man schon etwas Glück haben, denn die Art ist mit weniger als 2000 erwachsenen Tieren gefährdet, woran auch Schutzmaßnahmen kaum etwas geändert haben. Dass beispielsweise

Besucher der Wüste Negev oder Judäa dennoch Chancen auf eine Begegnung haben, liegt vor allem daran, dass die Tiere nur wenig scheu sind.

Im Vergleich zu anderen Steinböcken ist der Nubische Steinbock eher zierlich gebaut. Auffällig ist die schwarzweiße Zeichnung der Beine. Die Hörner sind lang mit schmaler Vorderkante. Der Nubische hat sich als einziger Steinbock an das Leben in wüstenartigen Regionen angepasst, allerdings muss er einmal am Tag trinken können, weshalb er auf die Nähe von Wasserquellen angewiesen ist.

Der **Äthiopische** oder **Walia-Steinbock** *(Capra walie)* lebt ausschließlich im äthiopischen Hochland und wird auch in keinem Zoo gehalten. Insbesondere die starke Bejagung hat dazu geführt, dass er mit weniger als 500 Exemplaren heute zu den meistgefährdeten Huftieren weltweit zählt.

Hier musste der Fotograf lange auf der Lauer liegen. Bei weniger als 500 noch lebenden Tieren ist der Walia-Steinbock nur mit viel Geduld und Warten vor die Linse zu bekommen.

PFAUENZIEGE

Sie ist eine Ziege mit vielen Namen: In der Schweiz, wo sie im Jahr 1887 zum ersten Mal erwähnt wird, heißt sie auch **PRÄTTIGAUER ZIEGE**, **COLOMBA** oder **SCHWARZ-WEISSE GEBIRGSZIEGE**. In Italien nennt man sie **RAZZA NAS**, **CAMOSCIATA DELLE ALPI** oder **CAPRA DI MONTAGNA DIE PASSIRIA** und in Österreich kennt man sie wegen ihrer Farbzeichnung auch als **MANTELE**. Nur **PFAUENZIEGE** ist ein Name, den ihr eigentlich niemand gegeben hat, denn mit dem Pfauenvogel hat sie weder taxonomisch noch vom Aussehen her etwas zu tun. Angeblich war es ein Transkriptionsfehler, der dazu führte, dass aus der Pfavenziege die Pfauenziege wurde. Auf Rätoromanisch ist ein *Pfaven* schlicht und einfach ein Fleck, und derer hat die Pfauenziege gleich mehrere. Typisch ist das weiße Vorderteil, weiß sind außerdem die Oberseite des Schwanzes, die Außenseiten der hinteren Läufe und der charakteristische weiße große Fleck auf der Flanke. Weiß ist auch der Kopf, das aber von seitlichen schwarzen Bändern unterbrochen wird. Der Rest der Ziege ist schwarz. Schon die Vielzahl der Namen spricht für ihr großes Verbreitungsgebiet, und das erstreckt sich quer durch die alpinen Regionen. Ähnlich wie in Deutschland kam es 1938 in der Schweiz zu einer Rassebereinigung. Die Pfauenziege wurde als eigenständige Rasse nicht anerkannt, womit ihr Schicksal quasi besiegelt war. Heute widmen sich in der Schweiz und in Österreich wieder mehrere Züchter dem Aufbau einer Pfauenziegenpopulation, denn die Pfauenziegen sind robust, widerstandsfähig und marschtüchtig – echte Gebirgsziegen also, die sich hervorragend zur Landschaftspflege eignen.

Anders als der Name vermuten lässt, kommt der **Sibirische Steinbock** *(Capra sibirica)* in Sibirien nur ganz am Rande vor. Sein Lebensraum sind die Hochgebirge Zentralasiens. Und hoch meint hier tatsächlich hoch, noch höher als die ohnehin schon beeindruckenden Höhen, in denen sich Steinböcke sonst bewegen – bis über 5000 Meter steigt der Sibirische Steinbock auf. Doch findet man ihn nicht nur in solchen Gebirgen wie Hindukusch und Himalaya, sondern beispielsweise auch in tiefer gelegenen Gebieten der Gobi. Der Sibirische ist die häufigste Art der Steinböcke und hat ein riesiges Verbreitungsgebiet, das sich über Afghanistan, China, Indien, Kasachstan, Kirgisistan, die Mongolei, Pakistan, Russland, Tadschikistan und Usbekistan erstreckt. In einigen Gebieten sind auch große Rudel zu beobachten.

Der Bock trägt den Bart lang und die Geiß die Hörner – zumindest länger als dies beim Alpensteinbock üblich ist. Ansonsten sehen sich die beiden Arten ziemlich ähnlich.

Oben drei Sibirische Steinböcke, unten ein Kuban-Tur aus dem westlichen Kaukasus

Der **Westkaukasische Steinbock** oder **Kuban-Tur** *(Capra caucasica)* und der **Ostkaukasische Steinbock** oder **Dagestan-Tur** *(Capra cylindricornis)* bilden jeweils eine eigene Art, haben jedoch in Aussehen und Verhalten viele Gemeinsamkeiten. Beide Arten leben in dem riesigen Hochgebirge zischen Schwarzem und Kaspischem Meer, dem Großen Kaukasus. Heimat des Westkaukasischen Steinbocks ist das Bergland an der Grenze zwischen Russland und Georgien, vor allem das Stromgebiet des Flusses Kuban. Östlich davon lebt sein Kollege, dessen Lebensraum sich bis ins östliche Aserbaidschan erstreckt.

Bei beiden Arten bewohnen die Böcke Berghänge in einer Höhe von bis zu 4200 Metern und

Ostkaukasischer Steinbock

steigen nur zur Brunftzeit etwa ab Ende November zu den Geißen herab, die in kleinen Rudeln mit dem Nachwuchs deutlich – oft um die 2000 Meter – tiefer leben. Bei den Rivalenkämpfen kommen die durchschnittlich 70 Zentimeter langen Hörner zum Einsatz, die beim Ostkaukasischen Steinbock außergewöhnlich glatt sind. Wenn die Geißen im Mai oder Juni ein Junges zur Welt bringen, weilen die Väter schon lange wieder in höheren Regionen.

Imposantes Doppelpack

Ein beeindruckendes Naturschauspiel, wenn die wuchtigen Böcke mit einem durchschnittlichen Gewicht von 100 Kilogramm über die Hänge fegen oder auf Felsklippen stehen, die auch Menschen ohne Höhenangst erschaudern lassen, während die Geißen mit dem Nachwuchs geschickt das niedrigere Bergland durchstreifen. Doch fraglich ist, wie lange diese Tiere noch zu beobachten sind. Besonders der Westkaukasischen Steinbock ist bedroht, doch auch die Bestände des Ostkaukasischen Steinbocks sind alarmierend zusammengeschrumpft, was vor allem an Trophäenjägern liegt, denn schon seit dem 19. Jahrhundert sind die Menschen auf die Hörner scharf.

Schraubenziege oder Markhor

Heimat der Schraubenziege *(Capra falconeri)* ist das westliche Hamalayagebiet. Ihr ursprünglicher Lebensraum erstreckt sich über Kaschmir, Tadschikistan, Usbekistan, Turkmenistan, Afghanistan und Pakistan. Hier bewohnt sie felsige Bergregionen mit lockerem oder kargem Bewuchs in 700 bis 4000 Metern Höhe. Sie bevorzugt zerklüftetes Gelände mit steilen Felswänden oder auch Buschwälder. Das herausragende Merkmal dieser Art sind, wie der Name nahelegt, die schraubenartig um die Längskante von innen nach außen gedrehten Hörner, wobei die Windungen je nach geografischer Herkunft von locker bis ganz eng geschraubt sind. Bei den Böcken erreichen sie eine beeindruckende Länge von weit über einem Meter, bei Geißen selten mehr als 25 Zentimeter.

Einige Hausziegenrassen weisen eine ähnliche Hornform auf, was der Schraubenziege zeitweise den Ruf einbrachte, an manchen Rassen als Urahnin beteiligt gewesen zu sein – eine Annahme, die von neueren

Forschungen eher nicht bestätigt wird. Allerdings ist beim Anblick einer Girgentana-Ziege leicht verständlich, wie man auf diese Idee kommt, zeigen die Hörner doch ebenfalls die auffällige Schraubenform – allerdings sozusagen mit anderem Gewinde, denn sie sind nach innen gedreht.

Das Fell der Schraubenziege weist im Winter eine hellgraue und im Sommer eine deutlich dunklere Färbung auf. Die beeindruckende Nackenmähne der Böcke kann 30 Zentimeter erreichen. Bei der Größe gibt es erhebliche Unterschiede – da sind die großen Nordlichter und die kleineren Vertreter im südlichen Verbreitungsgebiet und auch die Differenz zwischen Böcken und Geißen ist sehr groß. Doch mit einer Schulterhöhe von 65 bis 110 Zentimetern und einem Gewicht von bis zu 100 Kilogramm gehören Schraubenziegen insgesamt zu den größeren Exemplaren ihrer Gattung.

Solche Tiere mag man überall vermuten, bloß nicht auf Bäumen. Doch eben da findet man sie in einigen Regionen häufig. Besonders die Jungtiere und Geißen klettern behände auf den Ästen beispielsweise der Steineichen herum, um die Blätter zu erhaschen. Die Herren warten gern unten, bis sich die Zweige zu ihnen herunterbiegen. Das kann man – besonders im Sommer – vor allem am Morgen oder gegen Abend beobachten, da die Schraubenziege mittags Siesta hält. Neben Blättern und Zweigen frisst sie mit Vorliebe Gräser und Kräuter.

Wie bei anderen Arten auch leben die Geißen mit den Jungtieren in Gruppen zusammen; gemischte Rudel entstehen vor allem in der Brunftzeit, die im südlichen Verbreitungsgebiet von Ende Oktober bis November, im nördlichen von Dezember bis Januar dauert. Die zu dieser Zeit für menschliche Nasen besonders übel riechenden Böcke liefern sich Rivalenkämpfe um die Vorrechte bei der Paarung. Bock kann sich jedoch auch vorher unauffällig zurückziehen, denn den Kämpfen geht das Imponiergehabe voran, bei dem sich die Männchen mit gesträubter Rückenmähne und gehobenem Schwanz „abchecken". Nach einer Tragzeit von viereinhalb bis fünfeinhalb Monaten kommen ein bis zwei „Schräubchen" zur Welt. In freier Wildbahn werden die Schraubenziegen zehn bis zwölf Jahre alt.

ROVE ZIEGE

Le Rove ist eine typische südfranzösische Gemeinde, malerisch gelegen im Département Buches-du-Rhône, ganz in der Nähe von Marseille. Nachgewiesen ist dort die erste Siedlung der Bronzezeit in der Provence. Ob die Bewohner dieser Siedlung schon Ziegen hielten, ist zwar nicht überliefert, doch unwahrscheinlich ist es nicht. Als gesichert kann jedoch gelten, dass hier der Ursprung der ROVE ZIEGE liegt, die seit dem 19. Jahrhundert gezüchtet wird. Im Normalfall rot, aber auch grau, schwarz oder gefleckt – doch niemals weiß – ist das kurzhaarige Fell dieser imposanten Rasse, deren auffälligstes Merkmal das spiralförmig angelegte Gehörn ist. Doch auch der typisch dreieckige Kopf, die ausgeprägten Wangenknochen, die nach vorn geneigten langen Ohren und die ausgeprägt muskulösen Hinterbeine prägen das äußere Erscheinungsbild dieser Ziegenrasse. Auffällig ist ebenso ihr außerordentlich gutes Orientierungsvermögen, warum sie in der Region oft zusammen mit Schafherden gesehen wird. Als trittsicheres Leittier führt sie in der bergigen Region den Almauf- und -abtrieb an, wobei ihr die Schafe ohne Murren folgen. Doch noch eine andere Qualität hat die Rove Ziege wenn auch nicht weltberühmt, so doch zumindest bei französischen Gourmets bekannt gemacht. Vom Typus her zwar eher eine Fleischziege, ist ihre Milch mit einem hohen Fettanteil von fast 7% die Basis für einen außerordentlichen Leckerbissen: der „Brousse de Rove" gilt als Gaumenschmaus für Käse-Leckermäulchen. Traditionell wird der süßlich-milde Frischkäse in länglichen, konisch geformten Bechern angeboten. Ein Grund mehr für die Gemeinde Le Rove, im Wappen ihrer Gemeinde der Ziege einen standesgemäßen Platz einzuräumen.

Heute sind die Schraubenziegen in weiten Teilen ihrer ursprünglichen Heimat ausgestorben und stehen auf der internationalen Roten Liste der gefährdeten Arten – und das, obwohl sie nur wenige natürliche Feinde haben und unwegsames Gelände erklettern können, in dem ihnen kaum jemand etwas wegfressen kann. In einigen Gebieten gibt es allerdings eine harte Konkurrentin um die knappe Nahrungsgrundlage, und das ist ausgerechnet eine Gattungsgenossin, nämlich die Hausziege, die ebenfalls ausgesprochen trittsicher ist. Auch auf intime Art ist die Hausziege der Schraubenziege gefährlich: Durch Paarungen verringert sich der Bestand an „echten" Schraubenziegen. In hohem Maße sind allerdings Menschen für die Dezimierung der Bestände verantwortlich, und zwar mit der intensiven Bejagung, die sich auf Fleisch und Fell, aber auch auf die als Trophäe betrachteten Hörner richtet.

Bezoarziege

Die Hausziegen haben hübsche Urahnen! Schwarze Zeichnungen zieren das rötlich graubraune Fell der Bezoarziegen *(Capra aegagrus)*. Auf dem Rücken tragen sie einen schwarzen Aalstrich, mehr oder weniger ausgeprägte dunkle Partien finden sich zumeist auch im Gesicht, an Brust und Beinen und am Übergang von den Flanken zum oft hellen Bauch. Die Böcke tragen Bart und werden im Winter silbrig. Die im Bogen nach hinten wachsenden Hörner haben keinen runden Querschnitt wie bei Steinböcken, sondern sind seitlich zusammengedrückt und der Längskamm ist mit Knoten versehen. Bei älteren Böcken können sie eine Länge von über einem Meter erreichen, die der Geißen sind deutlich dünner und kürzer. Je nach geografischer Heimat unterscheiden sich die Tiere in Färbung, Gewicht und Größe; in ihrem nördlichsten Verbreitungsgebiet, dem Kaukasus, erreichen die Böcke bei einer Schulterhöhe von ungefähr einem Meter ein Gewicht von mehr als 60 Kilogramm, die Geißen sind kleiner und nur etwa halb so schwer.

Ihren Namen haben die Wildziegen von den Bezoaren (von persisch *bazahr* – Gegengift), denen schon im Altertum Heilkräfte nachgesagt wurden. Vor allem bei Wiederkäuern bilden sich im Magen diese kugelförmigen Verklumpungen aus unverdaulichen Haaren und Pflanzenresten, die nach einer gewissen Zeit steinartige Konsistenz annehmen können.

Das ursprüngliche Verbreitungsgebiet reichte über Afghanistan, Pakistan, Iran, Irak, die Türkei bis zum Kaukasus. In weiten Bereichen Vorderasiens gibt es heute noch nennenswerte, wenn auch im Vergleich zu früher stark verminderte und auf einzelne Regionen verteilte Bestände; in Teilen ihrer ursprünglichen Heimat sind die Tiere schon nicht mehr anzutreffen oder von der Ausrottung bedroht. Die Bezoarziegen sind auf der Roten Liste der gefährdeten Arten als verletzlich gelistet.

Teilweise leben Bezoarziegen in luftigen Höhen oberhalb der Baumgrenze, bevorzugter Lebensraum sind jedoch felsige Berghänge in mittleren Lagen, die noch von Wald oder Gebüsch durchsetzt sind. Aufgrund ihrer großen Anpassungsfähigkeit an Hitze und Wassermangel und der Fähigkeit, neben frischen Trieben, Kräutern und Blättern auch stark verholzte, sehr salzhaltige und stachelige Pflanzen zu verdauen, findet man Bezoarziegen ebenfalls in Halbwüsten mit Wasserstellen und Strauchwerk.

Häufig wandern die Böcke im Sommer weiter hinauf, während die Geißen mit den Jungtieren in etwas tieferen Lagen bleiben. Selten verlassen die Wildziegen ihre angestammte Heimat, häufig hingegen sind vertikale Wanderungen. Auch bei den Bezoarziegen bilden sich gemischte Herden vorwiegend zur Paarungszeit im Winter. Im Frühjahr bringt die Geiß ein bis drei Junge zur Welt, die schon bald behände mit der Herde an steilen Hängen klettern können. Denn ob jung oder alt – diese wilden Ziegen sind exzellente Kletterer, die Unwegsamkeiten gekonnt mit beeindruckenden Sprüngen überwinden. Nicht selten sieht man sie an exponierten Aussichtspunkten, wo sie wie Wachtposten verweilen und das Rudel gegebenenfalls vor nahender Gefahr warnen.

Linke Seite: Die Hörner der weiblichen Schraubenziege (oben) sind mit etwa 25 Zentimetern wesentlich kürzer als die ihrer männlichen Artgenossen. Unten: Sieht auf den ersten Blick aus wie eine komplizierte Dauerwelle, ist aber tatsächlich Gehörn und gehört keiner Schraubenziege, sondern einem Vertreter der Hausziegenrasse Girgentana.

Mit ihrem ausladendem Gehörn gilt die Bezoarziege als Urahnin aller Hausziegenrassen.

Ob verwilderte Hausziege oder häusliche Wildziege ist bei der Kri-Kri nicht zweifelsfrei geklärt.

Der Artenstatus weiterer Wildziegen wie der **Chiltan-Ziege** *(Capra aegagrus chialtanensis)* und der **Kretischen Wildziege** *(Capra aegagrus cretica)* ist umstritten. Die Chiltan-Ziege wird mittlerweile weithin als Hybridform angesehen. Nur noch etwa 500 Exemplare leben in Pakistan, somit gehört sie zu den stark bedrohten Tierarten.

Die Kretische Wildziege, auch als Agrimi oder Kri-Kri bekannt, galt lange als im engeren Sinn wilde Bezoarziege. Entsprechende Untersuchungen – unter anderem von Groves und Grubb an der Uni Wien – haben jedoch gezeigt, dass sie genetisch der Hausziege näher steht als den Bezoarziegen, was Forscher in der Annahme bestärkt, dass es sich hier um Hausziegen handelt, die schon in einem frühen Stadium der Domestikation wieder verwildert sind. Äußerlich sehen die Kri-Kris den Bezoarziegen sehr ähnlich. Zu finden sind sie auf Kreta und einigen umliegenden Inseln, wo sie vorwiegend in felsigen Regionen mit Bergwäldern leben. Die scheuen Tiere sind nur schwer zu beobachten. In der ersten Hälfte des 20. Jahrhunderts wurden sie wegen ihres zarten Fleisches und der Hörner so stark bejagt, dass es 1960 nur noch etwa 200 kretische Wildziegen gab. Sie lebten in der bekannten Samaria-Schlucht, die unter anderem aus eben diesem Grund in den 1960er Jahren zum Nationalpark erklärt wurde. Oft paaren sich Wild- mit Hausziegen; reinblütige Kri-Kris werden heute mit 1000 bis 2000 Tieren beziffert. Bewilderung ist immer noch zu beklagen.

Hausziege

Über das Schicksal der Hausziege in den letzten Jahrhunderten und die Anfänge der Rassezucht wurden bereits einige Worte verloren. Aktuell sieht die Ziegenlage so aus, dass die Hausziege *(Capra aegagrus hircus)* in den klassischen Ziegenhalterländern Südeuropas in den letzten Jahrzehnten ein wenig an Bedeutung eingebüßt hat, dagegen genießt sie vor allem in Belgien, den Niederlanden und in Deutschland wieder größere Popularität. Die Zunahme an Ziegenbeständen betrug in diesen Ländern teilweise mehr als 100 %. Doch auch wenn Ziegenprodukte sich steigender Beliebtheit erfreuen, wirtschaftlich ist die Ziegenhaltung in den deutschsprachigen Ländern quasi bedeutungslos. Deutschland, Österreich und die Schweiz sind eben immer noch die Länder von Rind und Schwein. Danach kommt lange nichts, dann kommt das Schaf und selbst die Pferde, nicht gerade billig in der Haltung, sind immer noch weiter verbreitet als die genügsamen Ziegen.

Wer sich als potenzieller Ziegenhalter betätigen will, hat neben den grundlegenden Überlegungen, wie ein Nutz- und Haustiertier artgerecht zu halten ist, die Qual der Wahl zwi-

Äußerst lässig genießt diese Ziege auf dem Vorplatz eines Tempels in Kathmandu ihr Dasein.

POITEVINE

Poitevin nennt man die Bewohner der Region Poitou und der Hauptstadt des französischen Départements Vienne. Poitevin ist aber auch der Name einer Kaltblutpferderasse sowie die Bezeichnung für eine Hunderasse; es handelt sich um einen Jagdhund, der bei französischen Jägern als Meutehund und Wolfsjäger sehr beliebt ist. Und schließlich gibt es da noch den Poitou-Esel, eine leider gefährdete Großeselrasse. Wo Pferd, Hund und Esel sich Gutenacht sagen, da kann die Ziege nicht weit sein. Und tatsächlich hat die POITEVINE eine lange Geschichte, denn der Legende nach überließen die maurischen Sarazenen bei ihrer Niederlage in der Schlacht von Tours und Poitiers gegen Karl Martell im Jahre 732 dem Sieger ihre Ziegen; dem Vernehmen nach nicht ganz freiwillig. Der Bestand wurde in den ersten Jahren des 20. Jahrhunderts durch Krankheiten und Fieberepidemien radikal dezimiert. Erst seit 1947 gibt es wieder ein Herdbuch und mithilfe der Organisation A.D.D.C.P. *(Association pour la Défense et le Développement de la Chèvre Poitevine)* konnte die Population in Frankreich auf 2500 Tiere erhöht werden. Die robuste, großrahmige Rasse ist sowohl mit als auch ohne Hörner zu finden, die Fellfärbung der langen Haare variiert von dunkelbraun zu schwarz. Charakteristisch sind auch die weißen Streifen am Kopf und den Beinen. Wie es sich für eine rechte französische Ziege gehört, ziert sowohl Monsieur als auch Madame Poitevine im Normalfall Bart. Und natürlich trumpft die Poitevine als französische Feinschmeckerin auch noch mit einer Delikatesse auf: Ihre Milchleistung ist zwar quantitativ durchschnittlich, dafür aber qualitativ außergewöhnlich. Ohne Poitevine kein „Chabichou du Poitou", ein milder französischer Weichkäse, der weit über die Grenzen der Region von Pferd, Hund, Esel und Ziege hinaus bekannt ist.

Der Begriff „Hausziege" heißt nicht zwangsläufig, dass Ziegen im Haus gehalten werden müssen. In Italien beispielsweise, wo diese beiden entzückenden Expemplare das Treiben am Comer See beäugen, genießen Ziegen häufig ein äußerst freizügiges Leben.

schen etwa 200 und 350 Ziegenrassen. Diese große Bandbreite ergibt sich aus der Tatsache, dass es viele Landschläge gibt, die nicht eindeutig einer Rasse zugeordnet werden können – ein Umstand, dem die beiden Hauptrassen in Deutschland BDE und WDE ihre Entstehung verdanken.

Wichtig für die Auswahl einer bestimmten Rasse ist sicherlich auch die Frage, was man denn mit der Ziege will. Im landwirtschaftlichen Zuchtbetrieb ist da die Auswahl nicht schwer. Es gibt ausgesprochenene Milchziegenarten wie die Schweizer Saanenziege, sozusagen der Mercedes unter den Milchziegen. Um eine Käseproduktion zu starten, sollte die Ziege mindestens 600 Liter Milch pro Jahr produzieren können. Tatsächlich gibt es Exemplare, die locker auf das Doppelte oder gar Dreifache dieser Menge kommen – und das über einen langen Zeitraum hinweg. Die sind allerdings durch entsprechende Nährstoffversorgung darauf getrimmt, auch wenn gottlob regelrechte Agrarfabriken mit Massentierhaltung, wie sie bei Hühnern, Schweinen und Rindern an der Tagesordnung sind, bei Ziegen eher selten vorkommen. Da kann Milchlieferant Nummer eins allerdings nur müde drüber lächeln. Eine Hochleistungskuh wie die Holstein Friesian schafft problemlos 13 000 Liter pro Jahr. Umgerechnet auf das Körpergewicht ergibt sich dann aber ein ganz anderes Bild: Da geben Ziegen nämlich rund 50 % mehr Milch als Kühe!

Vegetarier sollten den folgenden Abschnitt überlesen. Ziegen kann man auch kulinarisch genießen. Fleischziegenrassen wie die Burenziege legen pro Tag 200 Gramm zu, und da kann man dann schon mal einen etwas größeren Braten in die Röhre schieben. Außerdem fehlt ihnen das auch für viele Fleischesser gewöhnungsbedürftige typische Ziegen-Hautgout.

Wer sich seinen Pullover aus Ziegenwolle stricken will, sollte lieber auf Schafe umsatteln. Die beiden Rassen Angora- und Kaschmirziege liefern zwar ausgesprochen hochwertige Wolle bzw. Mohair, doch ist die Produktion aufwändig und arbeitsintensiv; außerdem sind beide Rassen für ein mitteleuropäisches Klima gänzlich ungeeignet. Ziegenhäute allerdings stehen hoch im Kurs. Der feine, seidig-matte Glanz von Chevreauleder ist für Handschuhe ein Nonplusultra.

Und dann gibt es noch die Verwendung der Ziege als Landschaftspflegerin. Da kämpft sie sich durchs Brombeergestrüpp und vereint das Nützliche mit dem Verzehrgenuss. Doch in Obstbaumkulturen oder Ähnlichem, da sollte man die Ziege denn lieber nicht einsetzen.

Die in diesem Buch verstreuten Doppelseiten stellen Hausziegenrassen rund um den Globus vor. Einige davon dominieren das Edelziegengeschäft und haben andere Rassen verdrängt, einige wiederum stehen als Beispiel dafür, dass man sich auch als Hobbyziegenhalter am Erhalt bedrohter Haustierrassen beteiligen kann.

Die Hausziege scheut wie ihre wilden Artgenossen den Regen wie der Teufel das Weihwasser. Ein Offenstall oder zugfreier Weideschuppen ist für die Ziegenhaltung ein unbedingtes Muss.

Folgende Doppelseite: Die meisten Hausziegen in Griechenland führen ein zur Hälfte häusliches und zur anderen Hälfte recht verwildertes Leben.

Was macht die Ziege zur Ziege?

Käme es auf den Bart an, könnte die Ziege predigen

Auf den ersten Blick gar nicht so einfach: Ziege oder Schaf? Tatsächlich handelt es sich um ein Dallschaf.

Ob diese Redensart aus Dänemark tatsächlich zutrifft, mag bezweifelt werden. Auch sind nicht alle Ziegen Bartträger. Was also macht eine typische Ziege aus? Das lässt sich anhand der Unterschiede zu einem anderen Verwandten definieren. Die Verwandtschaft von Ziegen und Schafen wurde bereits angedeutet. Beide werden oft in einen Topf geworfen. Selten in einen Kochtopf, doch oft, wenn es um Anatomisches geht. Das ist nicht weiter verwunderlich, denn schließlich gehören beide nicht nur zur selben Unterordnung (Wiederkäuer), zur selben Familie (Hornträger), sondern gar zur selben Unterfamilie (Ziegenartige). Und doch gibt es natürlich erhebliche Unterschiede, wie schon Gustav Heinrich Haumann in seinem *Hand- und Hülfsbuch zur Schafzucht in ihrem ganzen Umfange* von 1839 konstatiert: „Indessen sind die unterscheidenden Merkmal beider Thierarten zu bedeutend, als daß man dieser Vereinigung [Schaf und Ziege] Beifall schenken könnte; weshalb auch die neueren und neuesten Naturgeschichtschreiber diese Thierarten wieder getrennt und unter zwei verschiedenen Geschlechtern aufgeführt haben. Die Form des Kopfes, des Maules und des ganzen Körpers; die Beschaffenheit der Hörner, welche auch gewöhnlich der weiblichen Ziege nicht mangeln; der ganze Knochenbau, so wie die Knochenhärte; der kurze aufrechtstehende Schwanz; der allen Ziegenarten eigenthümliche, herabhängende Bart unter dem Kinne, so wie das ganze Wesen der Ziege unterscheiden sie hinlänglich von dem Schafgeschlechte. Dazu kommt noch, daß sich der Widder nie mit der Ziege, das Schaf aber nur von dem geilen Ziegenbock in die Enge getrieben und überwältigt mit diesem paart."

Tatsächlich ist es je nach Rasse manchmal gar nicht so einfach zu entscheiden, ob es sich um Schaf oder Ziege handelt. Machen wir uns also anhand der Unterschiede auf, etwas mehr über die spezielle Anatomie der Ziege zu erfahren. Generell lässt sich sagen: Wenn Bart, dann Ziege. Leider tragen nicht alle Ziegen Bart, sodass das zweite Unterscheidungsmerkmal herhalten kann: Der Schwanz einer Ziege ist (fast) immer kürzer als die Ohren. Was beim Schaf genau umgekehrt gilt. Außerdem stellen Ziegen in Bewegung den Schwanz auf, Schafe lassen ihn eher hängen. Auch an der Form der Hörner (wenn es denn welche gibt), kann man die beiden unterscheiden: Die Hörner der Ziegen sind zumeist sichel-, die der Schafe schneckenförmig. Zu den Wesensunterschieden zwischen Ziege und Schaf wird im folgenden Kapitel noch mehr zu berichten sein. Betrachten wir also im Einzelnen die Faktoren, die eine Ziege zur Ziege machen und beginnen ganz unten, mit ihren Klauen.

Dank ihrer Klauenbeschaffenheit ist die Ziege zum Klettern geradezu prädestiniert.

Die verhornten Zehen der Ziege sind so geformt, dass von den jeweils zwei Klauen einer Extremität der Klauenboden ohne Hohlraum am Boden aufliegt. Beim Auftreten drücken sich die beiden Klauenpaare auseinander, die Auftrittfläche wird auf diese Weise vergrößert und das Gewicht besser verteilt. Dazu kommt, dass die Innenfläche der Hufe eher weich ist und sich den Bodenverhältnissen optimal anpasst, während der scharfkantige Hufrand extrem hart ist und noch an kleinsten Unebenheiten Halt findet. In Verbindung mit den muskulösen Beinen und beweglichen Sehnen und Bändern der Sprunggelenke ist es einer Ziege so vergönnt, auch extreme steile Hänge zu bewältigen.

Beim Klettern braucht man aber nicht nur Hufe, sondern auch Köpfchen, mit dem die Ziege die Welt wahrnimmt. Bunt! Denn Ziegen können Farben sehen und erkennen. Zwar nicht

im gleichen Umfang wie der Mensch, dafür aber ist ihre Rundumsicht mit rund 270 Grad sehr beeindruckend. Den braucht die Ziege als Fluchttier aber auch, denn wer gewagte Sprünge machen und gleichzeitig seine Verfolger im Blick haben muss, braucht eine gute Wahrnehmung. Die Verengung der horizontal angelegten Pupillen lässt eine Ziege auch im grellen Sonnenlicht noch gut sehen, dagegen hapert es mit dem Durchblick im Dunkeln. Da bleibt die Ziege auch lieber im Stall.

Das leicht nach innen gewölbte Gesicht ist typisch für die Kopfform der Ziegen.

GIRGENTANA

Einiges an dieser Ziegenrasse ist ungeklärt. Doch beginnen wir mit dem, was zweifelsfrei feststeht: Die **GIRGENTANA** hat ihren Ursprung in der Provinz Agrigent auf Sizilien, und weil Agrigent bis 1929 Girgenti hieß, war es naheliegend, die eigentümlichen Ziegen dieser Region Girgentana zu nennen. Eigentümlich ist das markanteste Merkmal der Girgentana: ihr Kopfschmuck. Die korkenzieherförmig gewundenen Hörner, die beim Bock bis zu 80 Zentimeter lang werden können, haben zu der Vermutung geführt, dass die Girgentana eine der ganz wenigen Hausrassen ist, die nicht von der Bezoarziege abstammt, sondern von dem in Zentralasien vorkommenden **MARKHOR** bzw. der **SCHRAUBENZIEGE** . Allerdings ist nicht zu übersehen, dass sich das Gehörn der Schraubenziege spiralförmig nach außen dreht, während das der Girgentana sich nach innen windet. Bis jetzt ist die Abstammungsgeschichte nicht exakt geklärt, was allerdings bedauerlicherweise auch fast nicht mehr nötig gewesen wäre, denn wenn sich in den letzten Jahrzehnten des 20. Jahrhunderts nicht verstärkt Zoologische Gärten und Organisationen zum Erhalt gefährdeter Arten der sizilianischen Ziege angenommen hätten, wäre sie ausgestorben. Da gab es nämlich nur noch 50 Herdbuchtiere, wobei heute in Italien wieder etwa 750 und in Deutschland knapp 150 Exemplare ihre Korkenzieherhörner in den Wind halten. Der Grund für die Vernachlässigung war wie so oft der Leistungsdruck. Mit einer nur mäßigen Milch- und Fleischproduktion kann die weiße oder weißbraune italienische Ziege mit vielen anderen Hochleistungsrassen einfach nicht mithalten, und wurde so von ihrem angestammten Terrain verdrängt.

Mit Speck fängt man Mäuse, mit Salz Ziegen. Ihre Fähigkeit, auch Bitter- und Gerbstoffe aufzunehmen, machen Baumrinden und selbst Tannenäste zum geschmacklichen Erlebnis.

Ziegen haben ganz schön viel Geschmack. Sie können nämlich, ähnlich wie der Mensch, die vier Geschmacksnoten süß, sauer, salzig und bitter unterscheiden. Am liebsten aber scheint ihnen das Salzige zu sein, weshalb sie sich über Salzlecksteine hermachen wie Kinder über Softeis.

Ebenso wie der Geschmacks- ist ihr Geruchssinn hervorragend ausgeprägt. Hilfreich dabei ist das jacobsonsche Organ, eine spezielle Entwicklung des Riechkolbens, das für das Flehmen unerlässlich und vielen Säugetieren zu eigen ist. Bei dieser Eigenart öffnet das Tier das Maul, streckt die Zunge heraus und kann so spezifische Gerüche wahrnehmen, die andere nur ahnen oder erschmecken könnten. Dazu gehören natürlich auch Pheromone und typische Geschlechtsgerüche, warum es nicht wundert, dass das Flehmen überdimensional häufig während der Brunft vorkommt.

Auf dem – je nach Rasse unterschiedlich ausgeprägten – ramsnasigen Kopf sitzen nicht immer, aber oft, zwei Hörner, zumeist sichelförmig nach hinten gebogen. Und die können beachtliche Ausmaße annehmen. Hornlängen von einem Meter Länge sind für männliche Steinböcke keine Besonderheit. Im Übrigen ist die Beschaffenheit des Horns ein passables Mittel, wilde von Hausziegen zu unterscheiden: Bei ersteren ist der Querschnitt des Hornzapfens fast rechteckig mit den typisch wulstartigen Wachstumsringen, bei den Hausziegen eher länglich oval.

Vor allem bei den Steinböcken kann das Gehörn gigantische Ausmaße annehmen

Das Ziegengebiss ähnelt dem anderer Wiederkäuer. Anstelle von Schneidezähnen sitzt im Oberkiefer eine Hornplatte mit knorpeliger Kante. Und genau das hat die Ziege in vielen Gebieten zumindest unbeliebt gemacht. Zum Festhalten des Futters benutzt sie nämlich nicht ihre Zunge, sondern die äußerst beweglichen Lippen und das führt zu einem relativ tiefen Abbiss. Hinzu kommt, dass Ziegen ihr Futter mit einem deutlich kräftigeren Ruck abreißen als beispielweise Kühe. Als einziges bekanntes Nutztier bedient sich die Ziege zur Futteraufnahme der Bipedie – um an höher gelegene schmackhafte Baumteile zu gelangen, stellt sie sich auf die Hinterbeine und streckt sich nach dem Futter. Oder klettert gleich ganz auf den Baum. Und da Ziegen, was ihr Fressverhalten angeht, zu den sogenannten Intermediärtypen gehören, fressen sie nicht – wie Schaf, Rind oder Pferd – nur Gras, sondern schrecken auch vor Baumlaub und Baumrinden nicht zurück. Als reine

Nur wenig Pflanzen werden von der Ziege verschmäht. Dazu gehören Pflanzen mit ätherischen Ölen wie Schafgarbe oder Oregano.

Pflanzenfresser sind sie in ihrem Fressverhalten anspruchslos, aber wählerisch. Neben Gräsern, Kräutern, Moosen und Farnen gehören auch Gehölze und Gehölzteile zu ihrem Futterspektrum. Nadelgehölze können problemlos verdaut und wiedergekäut werden, und das bis zu einem Anteil von 60 %. Schafe ernähren sich nur zu maximal 20 % von derart tanninreichem Futter, und das auch nur, wenn sie müssen. Der tiefe Verbiss führt dazu, dass Ziegen in Waldgebieten, von Obstbaumplantagen ganz zu schweigen, äußerst unerwünschte Gäste sind. So einige Ziegen wurde schon auf einer Insel ausgesetzt, die nach mehreren Generationen kahlgefressen war.

Exakt dieses Fressverhalten hat aber im positiven Sinne dazu geführt, dass die Ziege als Landschaftspflegerin immer mehr gefragt ist. Mancherorts nämlich sind lichtere Wälder, die eine größere Artenvielfalt erlauben, erwünscht. Auch Flächen, die von Verbuschung und Vergrasung bedroht sind, sind für die Beweidung mit Ziegen ein ideales Habitat. Hier übernehmen Ziegen gern die Arbeit, die sonst in mühsamer Handarbeit erledigt werden muss – Entsorgung des „Schnittguts" inklusive. Seit 1997 wurden dazu unter anderem zukunftsweisende Pilotprojekte im Kanton Aargau durchgeführt. Inzwischen ist die Ziege aus dem ökologischen Landbau auch in dieser Hinsicht kaum mehr wegzudenken.

WIE KÄUT DIE ZIEGE WIEDER?

Die Futteraufnahme beginnt – und das ist im Tierreich überall gleich – mit dem Maul und endet mit dem After. Damit sind aber auch schon alle Gemeinsamkeiten zwischen Wiederkäuern und Nicht-Wiederkäuern beschrieben, denn was zwischen diesen beiden Organen passiert und gemeinhin als Verdauung bezeichnet wird, dazwischen liegen Welten – oder vielmehr: vier Mägen. Nachdem sich die Ziege tagtäglich rund neun bis zwölf Stunden damit beschäftigt, die saftigsten Blätter, Gräser, Blüten und Samen herauszusuchen, wird nach der Nahrungsaufnahme erst einmal gekaut, allerdings recht oberflächlich. Dabei wird der Nahrungsbatzen ordentlich eingespeichelt und heruntergeschluckt. Was beim Menschen nach dem Kauen durch die Speiseröhre in den Magen rutscht, landet bei der Ziege erst einmal im Pansen. Dieser Vormagen kann etwa 20 Liter der vegetarischen Suppe fassen. Der Pansen funktioniert wie eine Gärkammer, in der eine Unzahl von Bakterien und Einzellern die langen Molekülketten der Zellulose – Hauptbestandteil des Grünfutters, das für andere Geschöpfe gar nicht verdaulich wäre – aufspalten und sie vergären. Etwa eine halbe Stunde nach der Nahrungsaufnahme wird der vorverdaute Brei wieder über den Netzmagen und die Speiseröhre ins Maul gewürgt und nochmals etwa fünfzig Mal kräftig durchgekaut. Am liebsten geschieht dies, wie die alten Römer ihre Festgelage veranstalteten: in der Gruppe und im Liegen. Anschließend kommen die drei anderen Mägen ins Spiel. Nach dem Wiederkäuen wandert der Speisebrei in den Blättermagen oder Psalter, wo das Futter wie ein Sieb durchgedrückt wird, bis es schließlich im letzten Magen der Ziege, dem Labmagen, endet. Danach geht es nur noch durch Dick und Dünn, vielmehr zuerst den Dünn- und dann den Dickdarm, wo die zerkleinerten Nährstoffe vom Körper aufgenommen werden. Bei dem ganzen Vorgang des Wiederkäuens spielt Wasser eine entscheidende Rolle. Der Tagesbedarf einer Ziege hängt vom Futter, der Temperatur und der Luftfeuchtigkeit ab. Im Normalfall beträgt die Wasseraufnahme sechs bis neun Liter, an heißen Tagen mehr. Ziegen haben ein feines Gespür für verunreinigtes und zu kaltes Wasser, das sie nicht anrühren. Was vom Tage übrigbleibt, wird schließlich als Abfallstoff ausgeschieden – in Form von kleinen Kotballen, was etwa 15-mal pro Tag geschieht, vor allem während der Nacht.

Die Paarungszeit für Ziegen beginnt im Spätherbst, wenn die Tage kürzer werden. Ein raffinierter Coup der Natur, denn bei einer Tragzeit von rund 150 Tagen findet die Geburt dann statt, wenn das Frühjahr schon ein üppiges Nahrungsangebot bietet. Weibliche Tiere sind zwar bereits nach fünf bis sieben Monaten geschlechtsreif, körperlich aber eher noch nicht so weit entwickelt, dass sich eine Geburt wirklich positiv auswirken würde. Immerhin liegt die Lebenserwartung einer Ziege bei etwa 15 Jahren. Zwar nimmt die Fruchtbarkeit ab dem achten Lebensjahr merklich ab, aber zu früh gedeckte Ziegendamen verlangsamen ihr Wachstum, einmal ganz davon abgesehen, dass die Geburt für sie eine Qual sein kann.

Wahre Liebe ...

Die Brunst selbst dauert bis zu 40 Stunden. Die weiblichen Tiere sind unruhig, gruppieren sich und meckern mehr als sonst. Für den Ziegenbock ist die paarungsbereite Geiß leichter auszumachen als für den Menschen. Durch Flehmen erkennt er, dass die Dame seines Herzens zweifelsfrei bereit ist und kommt erst an seine Leistungsgrenzen, wenn er bis zu 50 Weibchen gedeckt hat. 40 Deckakte pro Tag sind dabei keine Seltenheit!

Zum Thema Ziegenbock sei an dieser Stelle angemerkt: Viele Ziegenhalter berichten, dass sie mit ihrem Ziegenbock quasi per Du sind. Ebenso viele Halter sagen aber auch „perdu" und verzichten darauf, einen Ziegenbock in ihrer Herde zu haben, und das – man muss es so sagen – liegt in erster Linie am penetranten Geruch, der durch Hautdrüsen am Hornansatz des Bockes gebildet wird. Ein Ziegenbock kann erbärmlich stinken, was noch dadurch potenziert wird, dass sich Böcke während der Brunst durch das sogenannte Maulharnen mit Urin bespritzen. Was für Ziegendamen ein unwiderstehliches Parfum sein mag, ist für menschliche Nasen mehr als gewöhnungsbedürftig. Vollbäder könnten Abhilfe schaffen, sind aber schon deswegen schwierig, weil der Ziegenbock, zumal wenn in Hitze, körperlicher Konfrontation mit seinem Halter nicht aus dem Weg geht. Angriffe können am besten durch eine Wasserdusche unterbunden werden, ansonsten gilt: Streicheln unterlassen. Ein Ziegenbock, namentlich mit ausladendem Gehörn, ist in der Tat nicht ganz ungefährlich. Auf der Weide können beide Geschlechter friedlich kooperieren, in der Stallhaltung müssen Männlein und Weiblein aber getrennt gehalten werden. Sichtkontakt zwischen den Geschlechtern sollte allerdings gewährleistet sein, alles andere wäre seelische Grausamkeit dem Bock gegenüber. Was man auch nicht unterschätzen sollte: Wenn der Ziegenbock eine brünstige Geiß erflehmt hat, gibt es nur wenig Hindernisse, die ihn auf dem Weg zu dem Subjekt seiner Begierde aufhalten können. Darum: Ein robuster Zaun ist Gold wert.

... kann auch ein Zaun nicht trennen.

ANGORAZIEGE

Wie nebenstehendes Bild beweist: Lange Haare hindern nicht beim Klettern; auch **ANGORAZIEGEN** sind Ziegen, wie es sich gehört, und nehmen jede Gelegenheit wahr, dem Betrachter ihr edles Äußeren durch ausbalancierte Präsentation zu offenbaren. Zu ihrer Herkunft vermerkt Brehm: „Ihren Namen trägt die Ziege nach der kleinen Stadt Angora im türkischen Paschalik Anadoli in Kleinasien, der schon bei den Alten hochberühmten Handelsstadt Ankyra. Ihre Heimatsgegend ist trocken und heiß im Sommer, jedoch sehr kalt im Winter, obwohl dieser nur 3 oder 4 Monate dauert." Diese Aussage zeigt schon: für ein mittel- oder gar nordeuropäisches Klima sind diese Tiere nicht wirklich geeignet. Zwar schenkte der Fürstlich-Liechtensteinische Intendant Johann Wengand dem Pfalzgraf bei Rhein Karl Theodor im Jahr 1768 fünf Ziegen und zwei Böcke; wie es den Tieren erging, ist allerdings nicht überliefert. Dasselbe gilt für Versuche, die Tiere in Spanien, Frankreich und gar Schweden anzusiedeln. Zum einen ist die Rasse sehr nässeempfindlich, zum anderen nur sehr mäßig fruchtbar, und als Milch- oder Fleischlieferant sind Angoraziegen nun gar nicht zu gebrauchen. Auch wenn es reizvoll erscheint, sich einen Mohairlieferanten auf die Weide zu stellen – für den Hobbyhalter sind Angoraziegen denkbar ungeeignet, denn das lange, seidige Haar bedarf der Pflege und aufwändiger Produktionstechniken, bis es schließlich zu Mohair wird. Klimatisch gefällt es den Tieren sowieso besser in Regionen, die ihrer Heimat entsprechen. Schon 1838 wurden Angoraziegen nach Südafrika exportiert und wenige Jahre später nach South Carolina, wo es 1885 bereits eine Population von 100 000 Angoraziegen gab.

Wenn die Ziegenlämmer nicht gerade unter dem Euter ihrer Mutter liegen, üben sie sich schon früh in den arteigenen Verhaltensweisen.

Lämmer säugen an dem Euter ihrer Mutter immer in verkehrt-paralleler Stellung (oben). Mutter und Kind verbindet eine innige Beziehung (unten), die selbst dann bestehen bleibt, wenn beide mehrere Monate voneinander getrennt werden.

Die Geburt erfolgt meist im Liegen und dauert, wenn sie komplikationslos verläuft (was meistens der Fall ist), etwa eineinhalb Stunden. Sofort nach der Geburt leckt die Mutter den Nachwuchs ab und baut so schon früh eine enge Mutter-Kind-Beziehung auf. Wichtig ist, dass das Neugeborene in den ersten vier Stunden nach der Geburt die erste Milch von der Mutter zu sich nimmt. Diese sogenannte Biestmilch oder Kolostrum produziert die Mutter nur kurz nach der Geburt. Für den menschlichen Verzehr ungeeignet, ist die Biestmilch das beste Mittel, um dem Ziegenkitz die nötigen Abwehrkräfte gegen Infektionskrankheiten zu verpassen und die Darmtätigkeit des Neugeborenen anzuregen. Schon nach wenigen Stunden kann die Mutter ihr Neugeborenes am Geruch erkennen und weist fremde Lämmer zurück. Umgekehrt erkennt der Nachwuchs die Mutter schon nach wenigen Tagen optisch, nach einigen Wochen auch am Meckern.

In den ersten beiden Wochen nach der Geburt sucht das Ziegenkitz den nahen Kontakt zur Mutter und lernt so schon früh, wo die besten Gräser wachsen. Das Säugen verläuft in verkehrt-paralleler Stellung. So kann die Mutter am Geruch feststellen, dass sich nicht ein fremdes Kitz an der Milchquelle bedienen will. Danach bilden der Nachwuchs regelrechte Kindergärten, wo gerauft, gespielt und vor allem geklettert wird.

Bei natürlicher Aufzucht sollten die Lämmer zehn bis zwölf Wochen bei der Mutter verbleiben. Danach beginnt die Absetzphase – ein tiefer Einschnitt sowohl für Lamm wie für die Mutter, das von lautem Wehklagen aufgrund des Trennungsschmerzes begleitet wird. Bleiben die Lämmer bei ihren Müttern, suchen sie bis zu einem halben Jahr das Euter der Mutter auf. Danach aber hat auch die beste Ziegenmama die Nase voll bzw. das Euter leer und signalisiert ihrem Nachwuchs durch Wegtreten vom Euter, dass man sich doch bitteschön so langsam einen eigenen Fressplatz suchen muss.

Neugierige Wesen mit viel Eigensinn

Von kapriziösen Zicken und sturen Böcken

Sind Ziegen zickig? Das ist wie bei den Menschen wohl auch immer eine Frage der Betrachtung. Was der eine eigenwillig im positiven Sinne nennt, ist für den anderen eben zickig. Ihren eigenen Willen haben Ziegen schon und sie machen auch mal Zicken – nicht immer richten sie sich nach den Wünschen ihres Halters. Sie büchsen gern aus, wenn sie im Zaun auch nur das kleinste Loch finden (oder hüpfen einfach drüber), und machen Kapriolen, was ja kein Wunder ist, ist der Begriff doch von *capra* abgeleitet. Ziegen sind lebhafter und wirken eigensinniger als Schafe. Dass „blöde Ziege" gar nicht geht, ist selbstverständlich, denn blöde sind Ziegen ebenso wenig wie Schafe oder Kühe.

Die negativ besetzten Ausdrücke, zu denen Ziegen im Sprachgebrauch so häufig herhalten müssen – man denke nur an „Zickenkrieg" – stehen in starkem Kontrast zu den Worten, mit denen jene Menschen Ziegen beschreiben, die mit ihnen zu tun haben. Fast einhellig findet man hier Begriffe wie freiheitsliebend, neugierig, hartnäckig, lebhaft, sensibel, geschickt, gesellig und klug.

Nun basieren die Eigenschaftsworte, mit denen Tiere belegt werden, ja zu einem großen Teil auf der Auslegung des beobachteten Verhaltens. Widmen wir uns also den Verhaltensformen, die jeder dann für sich interpretieren mag. Hausziegen zeigen bei entsprechenden Möglichkeiten ein Verhaltensrepertoire, das dem der Wildziegen ver-

KASCHMIRZIEGE

Die Frau oder der Mann von Welt setzt sich heute in einen Flieger, jettet nach New York, Paris oder London, kauft bei Hermés, Gucci oder Boss einen Kaschmirschal, und jettet wieder entspannt nach Hause. Oder bestellt seinen Schal via Online-Shopping. Da gab es auch andere Zeiten. Etwa 1664, als der französische Arzt, Philosoph und Forschungsreisende François Bernier mit dem Großmogul von Indien Muhammad Aurangzeb Alamgir Tibet bereiste, wo sie Ziegen fanden, die eine so feine Wolle lieferten, dass der Großmogul, schon ganz global ökonomisch denkend, in Kaschmir über 40 000 Webereien aufbauen ließ. Von einem solchen Geschäft wollten die Franzosen auch 200 Jahre später profitieren. Diesmal war es Pierre Amédée Jaubert, seinerzeit Dolmetscher Napoleons bei dessen Ägyptenfeldzug, der 1818 im Regierungsauftrag in den Orient geschickt wurde, um Tiere für den Aufbau einer Kaschmirweberei zu besorgen. Jaubert wurde fündig, kaufte 1300 Tiere und erreichte im April 1819 Marseille. Allerdings hatten nur etwa 400 KASCHMIRZIEGEN die beschwerliche Reise überlebt, von einer Zucht war keine Rede mehr, weil die überlebenden Böcke im französischen Ambiente keinerlei Lust verspürten, für Nachkommen zu sorgen. Es stellte sich als großes Glück heraus, dass die beiden Naturforscher Diard und Duvaucel auf ihren Forschungsreisen in Südasien neben Fasanen, einem Bären, einem Dugong und anderem Getier einen Kaschmirziegenbock nach Paris expedierten, der zum Stammvater aller Ziegen dieser Rasse in Frankreich werden sollte. Heute gibt es riesige Farmen vor allem in Australien und Neuseeland, wo die robusten Tiere, gehörnt, schlappohrig und inzwischen vor allem mit weißer (weil es sich besser einfärben lässt), aber immer noch der längsten und feinsten Unterwolle im gesamten Tierreich, gezüchtet werden.

Wo ein Wille ist, ist auch ein Weg. Zäune sind zwar Hemmnis, aber kein wirkliches Hindernis.

gleichbar ist, weshalb das Wissen um die Lebensbedingungen und das Sozialverhalten von Ziegen in freier Wildbahn viel zum besseren Verständnis auch der häuslichen Ziegen beiträgt.

Ziegen sind Individualisten, die sich gern zusammentun.

Die Familienverbände der Wildziegen bestehen im Wesentlichen aus Muttertieren mit ihren Jungen und umfassen oft nur fünf bis acht Ziegen. Die Böcke leben meist in Junggesellengruppen, die zur Brunftzeit zu den Familienverbänden stoßen. Ob häuslich oder wild, Ziegen sind Herdentiere, leben also in sozialen Verbänden (und sollten daher auch nicht einzeln gehalten werden), zeigen dabei jedoch ein deutlich individualistischeres Verhalten als beispielsweise Schafe. Bezogen auf die einzelnen Tiere heißt das: Es lassen sich vergleichsweise deutliche Unterschiede in den Verhaltensformen feststellen. Bezüglich des Herdenlebens lässt sich beobachten, dass die Herde weniger als Herde reagiert als bei vielen anderen Gattungen. Das heißt nun nicht, dass jeder sein eigenes Ding macht, wie es so mancher *Homo sapiens* von sich behauptet, doch innerhalb der strukturierten Aktivitäten der Gruppe gibt es relativ große Spielräume. So ist der „Betreuungsschlüssel" bei Ziegen- auch deutlich höher als bei Schafherden, die Anzahl der Ziegen pro Hirte also geringer.

Wach und aufmerksam beobachten Ziegen ihre Umgebung. Ihr ausgeprägtes Erkundungsverhalten führt in Verbindung mit ihrer Bewegungsfreude zu einem hohen Maß an Aktivität. Ziegen büchsen auch einzeln gern mal aus, gehen Umwege, die Leckereien versprechen, und sind insgesamt sehr findig. Da verwundert die aus menschlicher Sicht gestellte Diagnose als eigenwillig und kapriziös wenig. Viele Halter aber schätzen gerade die Individualität und Aktivität ihrer Ziegen, die überraschenden Momente, die zugegebenermaßen auch ziemlich anstrengend sein können.

ZIEGEN LECKEN AN SALZSTEINEN – MENSCHEN LECKEN AN ZIEGENBRIEFMARKEN

Bei Ziegen ist es ähnlich wie bei den Menschen: Die Männchen machen sich durch ritualisierte Kämpfe (rechts) oder beherzte Sprünge (unten) zum Affen und versuchen die Herzen der Weibchen zu erobern.

Zwar ist das Herdenverhalten im Vergleich eher weniger ausgeprägt, doch eine klare Rangordnung spielt bei Ziegen eine größere Rolle als bei den meisten anderen Gattungen. Auch wenn eine Rangfolge feststeht, kommt es immer wieder zu kleinen Auseinandersetzungen und Drohgebärden – viel wird allerdings eher spielerisch ausgefochten. Die Rangordnung richtet sich nach Alter, Gewicht, Temperament, Dauer der Herdenzugehörigkeit, bei den Geißen auch nach der Anzahl der Jungen und bei den Böcken nach der Hornlänge. Gilt es Ränge neu auszuhandeln, weil neue Tiere zur Herde gestoßen sind oder Empörkömmlinge Zweifel an der bestehenden Ordnung deutlich machen, kommt es zu Kämpfen, die in der Regel jedoch unblutig verlaufen. Am Ende weicht das unterlegene Tier zurück.

Generell ist bei Böcken, man muss es so sagen, die Bereitschaft zu kämpferischem Verhalten größer. So ist in den Männergruppen der Wildziegen mehr Imponiergehabe zu beobachten und die Rangfolge wird öfter durch Hornkämpfe ausgefochten. Heftiger werden die Kämpfe zur Brunstzeit, wenn die Böcke um die Begattung paarungswilliger Weibchen kämpfen. Demokratisch werden die Freuden der Begattung dabei nicht verteilt. Ein Bock kann viele Ziegen befruchten, weshalb nur die ranghöchsten Tiere zum Zuge kommen.

In gemischten Herden geht es häufig unruhiger zu – ein Grund, warum viele Ziegenhalter Männlein und Weiblein trennen. Geht es wie bei manchen Hobby-Haltern insgesamt nur um vier oder fünf Tiere, kann sich ein gemeinsamer Stall jedoch als unproblematisch erweisen.

Ein weiterer Grund für die getrennte Haltung von Böcken und Geißen: Ganz besonders zur Brunftzeit entwickeln die Böcke einen für weibliche Ziegen zwar angenehmen, für menschliche Nasen jedoch durchaus penetranten Geruch, der die Milchqualität beeinträchtigen kann. Im Gegensatz zu Kuhmilch nimmt Ziegenmilch nämlich wesentlich schneller Fremdaromen an.

Bei aller Eigenwilligkeit besteht zwischen den Tieren einer Herde ein hohes Maß an Interaktion. Dabei stehen sich oft einzelne Tiere besonders nahe, sie ruhen gemeinsam, halten beim Wiederkäuen Körperkontakt und pflegen sich gegenseitig. Wobei das gar nicht nötig wäre, denn Ziegen sind so gelenkig, dass sie sich sogar mit den hinteren Klauen am Kopf kratzen können. Nur zwischen die Hörner kommen sie nicht.

Auch gegenüber Menschen können Ziegen ausgesprochen anhänglich werden. Dann lassen sich die gelehrigen Tiere selbst dazu bringen, auf Kommando auf ein Podest zu springen oder Ähnliches. Fremdeln ist auch bei Fremden nicht ihre Sache – nicht umsonst gehören Ziegen in Streichelzoos zum festen Inventar. Allerdings können sie auch zickig oder bockig reagieren, etwa den Halter nicht in ihren Stall lassen oder auf der Weide bedrängen. In welche Richtung auch immer, Ziegen zeigen häufig sehr starke Reaktionen. Mit anderen Haus- und Nutztieren verstehen sie sich oft gut, weshalb sie Pferden zuweilen als Gesellschafter zugestellt werden.

Eigentlich wurde die Ziege ja zur Bespaßung auf der Pferdekoppel engagiert, aber man muss halt das Beste aus seinem Job machen ...

Wenn's juckt: Waschen! Doch wo kein Wasser in Sicht ist, kann man sicht auch mal mit dem Hinterlauf kratzen.

BURENZIEGE

90 bis 130 Kilogramm wiegen die Herren der Burenziegenschöpfung, und auch die Damen sind mit bis zu 75 Kilogramm keine Leichtgewichte. Diese Gewichtsangaben lassen schon darauf schließen, dass die **BURENZIEGE** weniger der Milchgewinnung dient, als vielmehr eine, wenn nicht *die* bekannteste Fleischziegenrasse ist. Und auch die Lämmer wachsen schnell: Bis zu 250 Gramm nehmen sie pro Tag zu. Logischerweise präsentieren sich denn auch die Ziegen im Erwachsenenstadium als groß und schwer. Sie sind kurzhaarig mit weißer Grundfarbe mit einem teilweise rotbraunen Kopf, der eher ramsnasig, schlappohrig und in der Regel mit Hörnern daherkommt. Urahn der Burenziege ist die **NUBISCHE ZIEGE**, aus der wiederum die **HOTTENTOTTENZIEGE**, eine in Südafrika heimische Rasse, hervorging, die den direkten Vorläufer der Burenziege darstellt. Es handelt sich um eine fruchtbare Rasse, dazu sind die Tiere robust und haben ein gutes Marschvermögen und sind trotz ihres Gewichts geländegängig. Im Futterverhalten gelten sie als anspruchslos, aber auch als ein wenig fressgierig. Was nicht weiter verwundert, denn seit Beginn des 20. Jahrhunderts werden sie als Fleischlieferant gezüchtet. Ein Burenziegenbraten ist im Übrigen ausgesprochen delikat, weil ihm der typische Ziegengeruch fehlt. Ihr ruhiges und umgängliches Temperament bildet zusammen mit den anderen Wesensmerkmalen die Basis dafür, dass sich die Rasse auch ausgezeichnet für die Landschaftspflege einsetzen lässt. Genau aus diesem Grund war sie Bestandteil beim Zuchtplan für die **WITZENHÄUSER LANDSCHAFTSPFLEGEZIEGE**, einem Zuchtprojekt der Universität Kassel.

WENN ZIEGEN HOCH HINAUS WOLLEN …

… dann klettern sie ganz einfach auf Bäume. Und besonders gern tun dies die marokkanischen Ziegen. Das wiederum liegt weniger daran, dass Ziegen in Marokko besondere Überflieger sind oder sich die Welt aus der Vogelperspektive anschauen wollen, sondern eher daran, dass hier, genauer gesagt im südwestlichen Teil Marokkos, der Arganbaum wächst. Wegen seines harten Holzes auch Eisenholzbaum genannt, ist *Argania spinosa* tatsächlich nur noch hier zu finden, auch wenn er vor 80 Millionen Jahren noch in weiten Teilen Nordafrikas und Südeuropas verbreitet war. Bis zu zehn Meter hoch werden die Expemplare, eine weite, ausladende Krone ziert den Baum ebenso wie Hunderttausende von Dornen, die für Menschen eher abschreckend wirken. 250 bis 400 Jahre kann ein solches Prachtexemplar werden – älter als viele Ziegengenerationen zusammen. Das Objekt der Begierde sind für Mensch, Kamel und Ziege aber die Früchte des Baums. Die Besonderheit ist, dass in jeder Frucht bis zu drei Kerne stecken, die wiederum eine kleine Mandel enthalten, aus der Öl gewonnen wird, entweder durch Röstung oder Zermahlen der Samen; ein aufwändiger Vorgang, der in Marokko zum allergrößten Teil in Handarbeit durchgeführt wird. Mit einem 80%igen Anteil von ungesättigten Fettsäuren ist Arganöl zum Würzen und Verfeinern von Saucen und Salaten ein kulinarisches Highlight. Und die Ziegen? Von der Größe einer Dattel hat das Fruchtfleisch zwar einen bitteren Geschmack, aber Ziegen mögen's nun mal gern exotisch. Zitieren wir aus *Brehms Tierleben,* Band 3, aus dem Jahr 1900, was zudem dokumentiert, dass marokkanische Ziegen auch in marokkanisch meckern: „Im südlichen Marokko, wo der so ziemlich von Grund aus verzweigte Arganbaum heimisch ist und durch sein sperriges Astwerk das Besteigen erleichtert, üben die Ziegen Kletterkünste aus, welche R. Jannasch folgendermaßen schildert: ‚Wir waren nicht wenig erstaunt, während unserer Reise über den Anti-Atlas und durch das Sus, sehr häufig in 10 m Höhe, auf den Gipfeln der Bäume, unter denen wir hinwegritten, 20 und mehr Ziegen in allen möglichen Stellungen zu erblicken. Einige standen kerzengerade auf den Hinterbeinen und versuchten, die Blätter hoher überhängender Äste zu benagen; andere wiederum schliefen in träger Ruhe auf den höchsten Ästen, die kräftig vom Winde geschaukelt wurden. Schlugen wir dann an die Stämme und beunruhigten sonstwie die Tiere, so schnellten sich diese von den hohen, schwankenden Zweigen mit gewaltigem Sprunge auf die Blattbüschel der niederen Äste, um von diesen aus sich auf die Erde gleiten oder fallen zu lassen. Dabei stießen die Tiere sonderbare Laute aus, etwa wie ‚kululu purz, purz, purz, kululu purz, purz purz' die ich bei europäischen Ziegen nie gehört habe.' Die fleischige Frucht des Arganbaumes enthält eine hartschalige Nuß, deren Kern von den Bewohnern jener Gebiete zur Gewinnung eines geschätzten Speiseöls verarbeitet wird. Hierbei werden Sie, laut Sir Joseph Hooker, außer von anderen Haustieren auch von den Ziegen unterstützt, welche die Früchte leidenschaftlich gern fressen, die Fleischhülle verdauen, die nußartigen Kerne aber später beim Wiederkäuen von sich geben und so, vom Fleische befreit, ihren Herren daheim zum Aufsammeln ablagern."

Wenn Ziegen auf Bäume steigen, dann tun sie dies aus mehreren Gründen. Zum einen ist die Frucht des Arganbaums ein beliebtes Leckerli, zum anderen ist in den Wipfeln der Bäume allemal mehr zu holen als auf den kargen Weideplätzen des Bodens und zum dritten: Sie tun es, weil sie's können!

Vorhergehende Doppelseite: Kletterkünstler mit schönen Aussichten

Unter Blinden (Schafe) ist die Einäugige (Ziege) Königin.

In Schafherden übernehmen Ziegen gern Leittierfunktionen, wobei sie die Schafe auch zu waghalsigen Klettereien verführen können.

Gereiztes Verhalten beobachtet man bei Ziegen häufig in reizarmer Umgebung, wenn ihre Suche nach Abwechslung, ihre Lust am Klettern durch äußerliche Faktoren zu sehr eingeschränkt werden. In ihren Aktivitäten wirken auch ausgewachsene Ziegen fast noch verspielt, doch das ist nichts gegen die Kitze. Die Zicklein kommen quasi schon springend zur Welt. Schon nach kürzester Zeit können sie laufen und es dauert nicht lange, dann wird gehüpft, was das Zeug hält, gern auch auf den Rücken der Mutter.

Ziegen haben sich in der Geschichte ihrer Verbreitung als außergewöhnlich widerstandsfähig gegen unwirtliche klimatische Verhältnisse erwiesen. Auch was die Ernährung angeht, sind sie überaus anpassungsfähig. Sie vertragen salzhaltige Kräuter sowie zellulosereichen, rohfaserigen und dornigen Pflanzenbestand. Von der Fähigkeit der Ziegen, mit wenig auszukommen, haben auch die Halter oft profitiert – nicht umsonst wird die Ziege als „Kuh des kleinen Mannes" bezeichnet. In guten Zeiten zeigt sich dann, dass dieses Verhalten keineswegs auf Indifferenz beruht. Im Gegenteil: Ziegen sind wählerisch. Sie fressen gern Kräuter, Blätter, Schösslinge, Knospen und Rinde, wobei es da ganz spezifische Vorlieben gibt. Dafür zeigt Ziege viel Einsatz, geht nicht nur über Stock und Stein, sondern auch über Zaun und Gatter.

Um an saftiges Grün zu kommen, hat die Ziege sogar gelernt, auf zwei Beinen zu gehen.

Auch das Wort *kapriziös* leitet sich von *capra* – Ziege – ab. Launisch, eigensinnig und daher ein wenig anstrengend meint man in der Regel damit. Solch kapriziöse Persönlichkeiten schlagen auch gern mal Kapriolen, tun Unvorhergesehenes, „Verrücktes". Kapriolen im Sinn von Luftsprüngen bringt man Pferden mühsam bei. Ziegen vollführen sie hingegen schon im Kleinkindalter, ganz ohne Reitkunst.

Insgesamt ergibt sich das Bild von einem ausgesprochen aktiven, geschickten und aufmerksamen Tier, das stark auf seine Umgebung reagiert. Überschwänglich ist daher ein Begriff, der in Verbindung mit Ziegen deutlich häufiger fällt als bei manch anderen Nutztieren. Für andere hat der hohe Aktivitätsgrad hingegen etwas Nervöses, Ruheloses und Anstrengendes an sich. Mag die Einschätzung zum Teil auch von der konkreten Ziege abhängen, so vermutlich doch mehr vom Gemüt des jeweiligen Menschen.

Eine deutsche Redensart besagt: „Das Zicklein springt höher als die Ziege." Quod erat demonstrandum.

ANGLO-NUBISCHE ZIEGE

Die Rasse der JUMNAPARI-, in anderen Schreibweisen auch JAMNAPARI-ZIEGEN findet man in Indien im Bundesstaat Uttar Pradesh, in Pakistan und Bangladesch. Etwa eine halbe Million Tiere dieser Rasse käuen dort wieder. Charakteristisch sind die Vielzahl der Farben, die ramsnasige Kopfform und die langen, bis zu 25 Zentimeter langen Schlappohren. Die ersten Tiere kamen in der zweiten Hälfte des 19. Jahrhunderts nach Europa, genauer gesagt nach England, denn das Vereinigte Königreich hatte mit seinen Kolonien einen regen Schiffsverkehr, und Ziegen waren als lebende Milch- und Fleischlieferanten während der langen Überfahrt begehrte Passagiere. Zusammen mit der ägyptischen ZAIRAIBI-Rasse und Einkreuzungen englischer Landschläge enstand so die Rasse der ANGLO-NUBISCHEN ZIEGE, die aber mit dem sagenumwobenen Nubien nur insofern etwas zu tun hat, als dass im 19. Jahrhundert für Ziegen aus dem Nahen, Mittleren oder Fernen Orient im Englischen generell die Bezeichnung „Nubian" verwendet wird. Schaut man sich die Nachfahren dieser alten Rassen an, ist eine Verwandtschaft einfach nachzuvollziehen. Die meist hornlosen Anglo-Nubier gibt es in den unterschiedlichsten Farben, das Haar ist kurz, fein und glatt. Sowohl als Fleisch- als auch als Milchziegen sind die Tiere geeignet. Mit 457 Tieren wurde 1910 in England ein Herdbuch für die Anglo-Nubier eröffnet. Heute findet man die Rasse vorrangig in den Vereinigten Staaten und in Großbritannien, wo sich seit 1972 die Anglo-Nubian Breed Society um die Verbreitung und das Wohlergehen der Rasse kümmert.

Ziegenhaltung

Falls du keine Sorgen hast – kauf dir eine Ziege …

Noch ein Sprichwort, das beweist, wie sehr die Ziege mit Vorurteilen behaftet ist! Sicherlich, eine tiergerechte Ziegenhaltung muss die körperlichen und verhaltensbedingten Bedürfnisse der Art berücksichtigen. Ziegen sind Individualisten mit einem hohen Bewegungsdrang. Sie wollen klettern, fressen, sind findig und lernen schnell. Aber all dies sollte den enga-

So sollte Ziegenhaltung nicht unbedingt aussehen. Die Ziege freuts's, den Halter weniger …

gierten potenziellen Hobbyhalter nicht vor unlösbare Probleme stellen. Dennoch ist natürlich eine artgerechte Haltung unabdingbar, weshalb man sich vor der Anschaffung einer Ziege oder vielmehr mehrerer Exemplare (Herdentiere!) einige Gedanken machen muss, denn sonst steigt einem die Ziege im wahrsten Sinne des Wortes schnell aufs Dach

In den Zeiten, als die Ziege noch als „Kuh des kleinen Mannes" galt, war die Stallhaltung gängige Praxis. „Stall" hieß in vielen Fällen aber eher ein dunkles Verlies. Da fühlt sich keine Ziege wohl, schon gar nicht allein. Eine reine Stallhaltung, bei der die Tiere keinerlei Auslauf nach draußen haben, ist abzulehnen. Zwar gibt es sie heute immer noch und bedenklicherweise gerade in Großbetrieben, die sich auf die Produktion von Ziegenmilchprodukten spezialisiert haben und entsprechend große Bestände an Milchziegen halten; hier wie auch bei kleineren Beständen wie in der Hobbyhaltung ist diese Art der Unterbringung allerdings nicht artgerecht.

Ein Stall muss kein schicker Einfamilienneubau sein! Ein vorhandener Stall, ein Schuppen oder ein anderes Gebäude lassen sich mit Improvisationstalent und handwerklichem Geschick als Ziegenstall nutzen.

Einen Stall nun aber in unseren Breitengraden generell als Unterbringung abzulehnen, wäre ebenso töricht. Ziegen brauchen Platz zum Einnehmen ihrer Ruhe- und Schlafhaltungen und vor allem einen Schutz gegen schlechte Witterungsverhältnisse. Außerdem müssen sie bei Verletzungen oder Krankheit entsprechend behandelt werden. Für diese Ansprüche ist ein Stall mehr als sinnvoll.

Entsprechend ist die kombinierte Weide-Stall-Haltung als artgerechte Haltungsform zu empfehlen.

Optimal als Stall geeignet ist ein großflächiger Laufstall, in dem die Tiere genügend Bewegungsfreiheit haben. Hier gilt die Devise: je großzügiger, desto besser. Grundvoraussetzung ist, dass der Stall trocken, luftig und vor allem ohne Zugluft ist. Unbedingt zu beachten ist, dass Ziegen hervorragende Kletterer sind sowie gut springen können. Bei Einzäunungen und Absperrungen sollte dies berücksichtigt werden. Gleiches gilt für Verschlüsse, Riegel etc. Ziegen sind schlau und im Türöffnen wahre Meister. Und wenn ein Tier erst einmal ausgebüchst ist, steht es erst einmal in Nachbars Garten oder erkundet für längere Zeit sein Umfeld. Beides kann Ärger nach sich ziehen.

Folgende Doppelseite: Große Ziegenherden sind in Afrika keine Seltenheit.

WESTAFRIKANISCHE ZWERGZIEGE

Wer seine Kleinen schon einmal in einem Streichelzoo zwecks Bespaßung abgegeben hat, hat mit hoher Wahrscheinlich bereits Bekanntschaft mit ihr gemacht: der **WESTAFRIKANISCHEN ZWERGZIEGE.** Kurze Beine, dicker Bauch, ein gedrungener Rumpf mit den unterschiedlichsten Farbscheckungen und ein behornter Kopf mit kurzen, stehenden Ohren sind ihr Markenzeichen. Nun ist Afrika zweifelsohne ein großer Kontinent, und so verwundert es nicht, dass es auch eine **OSTAFRIKANISCHE ZWERGZIEGE** gibt. Die allerdings ist gar nicht so zwergig, sondern eher schlank und langbeinig und in Europa eher seltener vertreten, weswegen an dieser Stelle der Schwerpunkt auf den Westen der Wiege der, wenn schon nicht der Ziegen- so doch der der Menschheit gelegt werden soll. Dabei ist Westafrika gar nicht das Ursprungsgebiet dieser Rasse, denn es gilt als gesichert, dass sie eigentlich aus Asien kommt und mit der Zwischenstation Ägypten, wo sie auch auf antiken Grabmalereien zu finden ist, letztendlich in den 15 Ländern West- und Zentralafrikas landete, von denen die bekanntesten die Elfenbeinküste, Togo, Ghana, Nigeria, Kamerun und Zaire sind. Im Regenwald und den Feuchtsteppen Westafrikas hat sie sich bestens akklimatisiert, vor allem deswegen, weil sie eine hohe Resistenz gegen trypansome Infektionen wie sie beispielsweise von der Tsetsefliege übertragen werden, aufweist. Die braucht sie in Europa eher nicht, wo sie vor allem der Fleischnutzung wegen gehalten wird. Ebenso beliebt ist sie aber auch auf Pferdekoppeln als Gesellschaftstier. Und eben – ihrer Größe wegen – in Streichelzoos.

Wenn möglich, sollte es im Stall eine dritte Ebene geben. Ziegen schlafen gern auf erhöhten Positionen und finden Hochbetten ausgesprochen schick. Wegen der oftmals rigiden Rangordnungskämpfe sollte der Stall genügend Rückzugsfläche für rangniedrigere Tiere bieten, die sonst dem Mobbing ihrer „Vorgesetzten" hilflos ausgeliefert sind.

Für den „Problemfall" Bock gilt dies allerdings nicht. Der sollte, wenn er denn vorhanden ist, eine besonders solide und vor allem ausbruchssichere Extrabucht beziehen. Zum einen würde ein Ziegenbock im Laufstall erhebliche Unruhe in die Herde bringen, zum anderen könnte sein durchaus penetranter Geruch die Qualität der Milch negativ beeinflussen.

Ebenso sollte eine separate Ablammbox vorhanden sein, um eine problemlose Geburt und Aufzucht zu gewährleisten.

Denken sollte man allerdings nicht nur an die lieben Ziegen, sondern auch an den Halter. Als Anhaltspunkt für die Größe des Stalles kann gelten: Wenn permanent Unruhe im Stall

Ein großzügiger, trockener und winddichter Laufstall ist für die Ziegenhaltung optimal.

Normaler Maschendraht ist für die Einzäunung von Ziegenweiden ungeeignet. Im Nu wäre er heruntergetreten oder ausgebeult.

herrscht, ist er zu klein. In einem solchen Stall wird das Melken zur Nervenprobe, und auch die Fütterung wird nur unter erschwerten Bedingungen möglich sein. Wer unter diesen Maßgaben allerdings für Boxenställe, in denen die Ziegen jeweils in kleinen Abteilungen gehalten werden, oder gar für Anbindehaltung plädiert, dem muss bewusst sein, dass die Ziegen unter diesen Bedingungen ein tristes bis unwürdiges Dasein führen.

Bei Weidehaltung sollte man für sechs bis acht Ziegen ein Hektar Weidefläche kalkulieren. Auch hier ist darauf zu achten, dass massive Zäune ein Ausbüchsen von Einzeltieren oder gar der ganzen Herde verhindern. Reine Grasweiden sind für Ziegen ungeeignet, denn ihr selektives Fressverhalten macht sie zu Liebhabern von Wildkräutern, Gehölzen und Gehölzteilen. Optimal wäre also eine Buschweide, wobei man allerdings davon ausgehen kann, dass von den Büschen nicht allzu viel übrigbleiben wird. Auf Streuobstwiesen sollte, wenn man denn Wert auf den Erhalt der Bäume legt, ein massiver Baumschutz angebracht werden. In jedem Fall müssen auch auf der Weide Unterstände vorhanden sein, in die sich die Tiere bei widrigen Witterungsbedungen zurückziehen können. Feuchtwiesen sind keinesfalls für Ziegen geeignet.

All diese Überlegungen sind natürlich auch davon abhängig, um welche Ziegen es sich im konkreten Fall handelt. Milchziegenrassen sind generell empfindlicher und brauchen auf jeden

Jahrhundertelang war es verbreitet: das Tüdern (oder Tüddern). Man hängt der Ziege einen Strick um den Hals, schlägt einen Pflock in den Boden, bindet das andere Ende des Stricks dort an, und schwupps: Schon kann die Ziege immer schön im Kreis laufen. Kein Sonnen- oder Regenschutz, kein Unterstand, der Strick oder die Kette kann sich verfangen und in Gefahrensituationen hat die Ziege keinerlei Möglichkeit, zu fliehen. Kurzum: Tüdern ist nicht zu empfehlen!

JUAN-FERNANDEZ-ZIEGE

Wenn Ziegen auf einer Insel stranden ... machen sie dasselbe, was ein Mensch in vergleichbarer Situation tun würde. Er streift über sein Eiland und versucht, die Futterluke mit Essbarem zu füllen. Die Juan-Fernandez-Ziege macht's ebenso, nur dass sie dafür von den Menschen zwecks Bestrafung bejagt wird. Doch der Reihe nach. Juan Fernandéz war als Entdecker und Seefahrer am spanischen Hofe zu Ruhm gelangt. Im Spätmittelalter gab es noch viel zu entdecken – vor allem in den Überseegebieten der damaligen Kolonialmächte. Also tat Señor Fernadéz das, wozu er berufen war: Er entdeckte. Unter anderem 1574 die später nach ihm benannten Juan-Fernandéz-Inseln, ein Archipel 700 Kilometer westlich der chilenischen Küste. Fernandéz, nicht unschlau, dachte sich: „Hier komm ich mal wieder vorbei!" und hinterließ auf den Inseln einige Ziegen zwecks Proviant für schlechte Zeiten. Er sollte die Inseln nicht wiedersehen. Das war hingegen Alexander Selkirk vergönnt, der 1703 auf der *St. George* anheuerte, einem Kaperschiff der britischen Krone, das just vor den hundert Jahren vorher entdeckten Inseln havarierte. Selkirk hatte nur noch wenig Vertrauen in die *St. George*. Angesichts der Aussicht, auf ein manovrierunfähiges Schiff zurückzukehren, meinte er: „ Ich habe es mir anders überlegt." Der Kapitän soll geantwortet haben: „Ich aber nicht." Wie sich herausstellte, sank das Schiff wenig später mit Mann und Maus und die JUAN-FERNANDEZ-ZIEGEN retteten Selkirk vor dem Verhungern. Die Geschichte galt Daniel Defoe als Vorlage für seinen *Robinson Crusoe*. Die bedauernswerten Ziegen aber hat niemand verewigt. 3000 Tiere leben noch auf der Insel; sie sind extrem scheu und flüchten beim Anblick von Menschen. Bei Hagenbeck in Hamburg sowie in den Tiergärten Worms und Pfungstadt leben weitere Exemplare.

DIE ZIEGE IN DER LITERATUR

Wie könnte es sein, dass die Ziege in den Fabeln des griechischen Klassikers Äsop (um 600 v. Chr.) keine Rolle spielte. Eine der bekanntesten ist die Fabel vom Fuchs und dem Ziegenbock, und die geht so: Der Fuchs und der Ziegenbock gehen an einem heißen Sommertag spazieren. Als sie an einem Brunnen vorbeikommen, zögern sie nicht lange und springen in den Brunnen, stellen dann jedoch erschrocken fest, dass sie nicht wissen, wie sie wieder aus dem Loch herauskommen sollen. Der Fuchs gibt der Ziege die Anweisung, sich auf die Hinterbeine zu stellen, und tatsächlich gelingt es ihm, über den Rücken der Ziege aus dem Brunen herauszuhüpfen. Doch dann stutzt die Ziege und fragt den Fuchs, wie er denn nun seinerseits gedenke, sie aus dem Brunnen zu befreien. Doch der Fuchs kichert nur und bemerkt: „Hättest du nur halb so viel Verstand wie Haare in deinem Bart, du wärest nicht in den Brunnen gesprungen, ohne vorher zu bedenken, wie du wieder herauskommst." Die Fabel wurde später von Jean de la Fontaine (1621–1695) unter dem Titel *Le Renard et le Bouc* wieder aufgenommen und in seinen *Fables* veröffentlicht.

Auch in den von den Brüdern Jacob und Wilhelm Grimm gesammelten *Kinder- und Hausmärchen* (1812) findet die Ziege Berücksichtigung. Ein Brunnen spielt in *Der Wolf und die sieben jungen Geißlein* ebenefalls eine Rolle. Hier kommen die Ziegen aber weit besser weg als bei Äsop und La Fontaine, denn dank dem siebten Geißlein, das sich im Uhrenkasten versteckt, kann die Ziegenmutter den gierigen Wolf für seine böse Tat bestrafen. Wohl um der Ziege aber keinen allzu guten Ruf angedeihen zu lassen, spielt sie in einem weiteren Märchen der Brüder Grimm eine Rolle. Ihr beständiges Lügen in *Tischchen deck dich, Goldesel und Knüppel aus dem Sack* ist die Ursache dafür, dass der Schneider seine drei Söhne aus dem Haus jagt. Zwar nimmt das Märchen für den Schneider und seine Söhne ein gutes Ende, die Ziege aber „lief wie toll in die Welt hinein, und niemand weiß auf diese Stunde, wo sie hingelaufen ist." Das Märchen ist besonders bekannt durch das vielfach verwendete Zitat der Ziege: „Ich bin so satt, ich mag kein Blatt, meh, meh."

In *La Chèvre de Monsieur Seguin* des französischen Schriftstellers Alphonse Daudet (1840–1897) geht es um Blanquette, eine folgsame und brave Ziege, die der alte Monsieur Seguin an einen Pfosten in seinem Garten bindet. Während er denkt, wie gut es seiner Ziege doch geht, langweilt die sich zu Tode und schaut sehnsüchtig zu den Bergen hinauf, denn nichts möchte sie mehr als frei zu sein. Als sie ihrem Halter gegenüber ihren sehnlichsten Wunsch äußert, reagiert der bestürzt, warnt sie vor dem Wolf und sperrt sie in den Stall, vergisst aber das offene Fenster. Man ahnt, wie die Geschichte weitergeht. In Frankreich ist die Erzählung um die mutige Ziege, die den Preis der Freiheit zum Thema hat, ein Klassiker. Auf zeitgenössischen Fotografien sieht man Monsieur Daudet übrigens immer mit einem Ziegenbärtchen. Vielleicht aus Sympathie mit seiner Hauptfigur.

Am mysteriösesten aber dürfte die Rolle der Ziege in Japans Bestsellerschriftsteller Haruki Murakamis (*1949) Roman *1Q84* sein. Dort gibt es die Little People, die zwischen der realen und einer Parallelwelt wandern. Ihr Tor von der einen zur anderen Welt ist das Maul einer blinden Ziege.

Fall ein Stallgebäude, das den oben erwähnten Anforderungen entspricht. Robuste oder gar winterharte Rassen wie die Walliser Schwarzhalsziege können sich ganzjährig auf der Weide aufhalten, brauchten dann aber einen soliden und wetterfesten Unterstand, der genügend Raum für die Herde bietet.

Wer plant, mit seiner Ziegenhaltung den Eigenbedarf an Milch oder Käse zu decken oder überschüssige Milch oder Käse sogar vermarkten will, sollte eine Herde von mindestens fünf bis sieben Milchrassenziegen einplanen. Bei mehr als 10 Millionen Kuh- und Sojamilchallergikern allein in Deutschland ist eine Zielgruppe zumindest vorhanden. Generell ist der Trend zu Ziegenprodukten steigend; diese sind im Handel aber auch etwa dreimal so teuer wie vergleichbare Produkte aus Kuhmilch. Dabei unterscheiden sich Kuh- und Ziegenmilch vergleichsweise wenig. Auffälligster Unterschied ist, dass das in der Kuhmilch vorkommende Carotin, ein Provitamin des Vitamin A, in der Ziegenmilch bereits als fertiges und farbloses Vitamin vorhanden ist. Aus diesem Grund haben aus Ziegenkäse hergestellte Produkte eine weiße Farbe.

Da Milch ein idealer Nährboden für Keime ist, ist bei der Verarbeitung Hygiene oberstes Gebot. Ziegenmilch nimmt Fremdaromen schneller auf als Kuhmilch, daher muss beim Umgang mit diesem Produkt peinlichste Sauberkeit herrschen. Wer also plant, Milch und Milcherzeugnisse

In Frankreich wird Ziegenkäse je nach Region und „Produzentenziegenrasse“ in ganz individuellen Darreichungsformen hergestellt.

Ziegenmilchprodukte sind nicht nur für Kuhmilchallergiker eine Alternative. Die unterschiedlichsten Käsesorten bereichern auch jeden Speiseplan um exquisite Delikatessen.

MYOTONIC GOAT

Kinder halten die Hände vor die Augen und sagen: „Niemand sieht mich!" Chamäleons kommunizieren mit ihren Artgenossen via Farbwechsel und tarnen sich so auch vor Fressfeinden. Die Ameisenspringspinne ist zwar Spinne, ahmt aber Aussehen und Verhalten einer Ameise nach, weil die nur wenigen Jägern wirklich gut schmeckt. Und die Ziegen, von denen man bekanntlich weiß, dass sie durchaus ausgetüftelte Strategien zur Gefahrenabwehr besitzen? Die fallen vor Schreck einfach um. Natürlich nicht alle – aber Ziegen der in den USA verbreiteten Rasse MYOTONIC oder auch FAINTING GOATS reagieren auf Erschrecken tatsächlich mit spontanem Umfallen. Ursache dafür ist allerdings keine bewusste Abwehrstrategie, denn die wäre ja eher kontraproduktiv – jeder Wolf würde sich freuen, wenn die Geißlein bei seinem Erscheinen einfach umfallen würden und so leichte Beute wären –, verantwortlich ist die Erbkrankheit *Myotonia congenita Thomsen,* die eine Störung der Muskelfunktion verursacht. Konkret wirkt sich das bei besagter Ziegenrasse so aus, dass sie bei Schrecksituationen verkrampfen, auf den Boden fallen und alle Viere von sich strecken, wobei eine Schrecksituation auch schon einmal durch einen plötzlich aufgespannten bunten Regenschirm entsteht. Nach wenigen Sekunden ist die Schockstarre vorbei, die umgefallenen Ziegen stehen, nachdem sich die Muskeln entspannt haben, wieder auf und springen munter umher. Die ganze Angelegenheit ist für die Ziege übrigens weder schmerzhaft noch mit einer Bewusstlosigkeit verbunden, weswegen die Bezeichnung „Fainting" (bewusstlos) eigentlich nicht ganz korrekt ist. Noch weniger korrekt ist, dass Myotonic Goats früher gern mit Schafen gehalten wurden. Näherte sich ein Feind, fiel die Ziege um und wurde gefressen, während die Schafherde fliehen konnte.

seiner Ziegen zu vermarkten, muss sich zwingend mit den gesetzlichen Vorschriften und Verordnungen befassen. Die zuständige Lebensmittelbehörde oder das Veterinäramt wird gern bereit sein, hier weitere Informationen zu liefern.

Im Normalfall wird die Ziegenmilch zu Produkten weiterverarbeitet, die man relativ unkompliziert herstellen kann. Die Bandbreite reicht von der Roh- über Dickmilch bis hin zu den unterschiedlichsten Käsesorten, Joghurt, Butter, Kefir oder Quark. Dem Eigenproduzenten kann an dieser Stelle nur geraten werden: Experimentieren!

Die Produktion von Ziegenmilchprodukten ist mit etwas Erfahrung keine Hexerei.

Abbildungsnachweis

bigstockphoto
S. 27: Tom Curtis Photography

Dreamstime
S. 109: Jmaentz

Fotolia
Hausrassensignet: Erica Guilane-Nachez, S. 6: luisapuccini, 7: Antje Lindert-Rottke, 8: Montagne & Secours, 9 l.: Sergiy Grek, 9 r.: Morphart, 11: ernstboese, 12: byheaven, 14: djama, 17: delmo07, 18: siloto, 19 o.: KarenDMartin, 19 u.: Martina Berg, 21: damiver, 22 l.: cstyle, 22 r.: Grafissimo, 23 l.: mica chouette, 23 r.: Ji Zhou, 24/25: ollirg, 29: joseph hilfiger, 30: Artem Mykhailichenko, 31 l.: Eric Isselée, 31 r.: whitewizzard, 33: Gilles Oster, 34: johnbraid, 35: hakoar, 36: Netzer Johannes, 37: Netzer Johannes, 39: emer, 41: camerawithlegs, 42: hakoar, 43: Netzer Johannes, 45: arolina66, 50 u.: Pavel Cheiko, 51: Animalist, 52: byrdyak, 53: Schwoab, 55: Yves Roland, 56 o.: Animalist, 58: nikomi, 59: Grigory Kubatyan, 61: kristan, 63: Klaus Eppele, 64/65: Artem Mykhailichenko, 67 l.: GordonGrant, 67 r.: Pedro Díaz, 70 o.: Xavier MARCHANT, 70 u.: Marcel Schauer, 71: LAURA COVINI, 72 l.: Huseyin Bas, 72 r.: rudolfoelias, 73 o.: Photomac, 73 u.: skyllia, 75: pg images, 76 o.: Lee O'Dell, 76 u.: sylbohec, 78 o.: Wildcat, 78 u.: AStargirl, 79: rawheadrex, 82 o.: OBER, 83 o. l.: AlexanderZam, 83 o. M.: Tupungato, 83 o. r.: AlexanderZam, 83 M. l.: AlexanderZam, 83 M.: maxximmm, 83 u.: rook76 (3), 84 o.: Vibe Images, 84 u.: Owen Mather, 85 o.: marcovanbelleghem, 85 u.: Eva Dorsch, 87: Herbie, 88 r. o.: Eric Hanis, 88 r. M.: julielubick, 88 r. u.: wuttichok, 89 l. o.: vkph, 89 l. M. Kuvien, 89 l. u.: Filip Makowski, 89 r.: SqualAttack, 90: Alan Bishop, 91: Ints, 92 u.: jacquesmillecam, 93: ivo188, 95: mavrick, 96: stefanov_764, 97: barantza, 98/99: africa, 101: Harald Lange, 102: Martina Berg, 103: wilmaxphotos, 107 l.: Antolo, 107 r.: OSCAR, 110: Claude Calcagno, 111: trancedrumer

Fotonatur: S. 105: Sönke Morsch

iStockPhoto
Vor- und Nachsatz: ason, S. 28 o.: TerryJLawrence, 40: AlesVeluscek, 46 u: boryak, 47: guenterguni, 50 o: stevegeer, 56 u.: pikat09, 68: twildlife, 69: Andyworks, 77 o. l.: Labbas2, 77 o. r.: driftlessstudio, 77 u.: vander (3), 81: fkienas, 82 u.: Madzia71, 88 l.: JonTimmer, 92 o.: narxx, 106: jcrosemann

Gisela Miglio
S. 63 (mit besonderm Dank des Autors)

Naturfoto.cz
S. 13: Jiri Bohdal, 57: Jiri Bohdal

Okapia
S. 15

Wikipedia
S. 28 u.: Symposiarch

www.thinkstock.de
Umschlag Rückseite

Zoonar
S. 46 o.: Christoph Bosch, 49: niwre